MECHANICS OF MATERIALS

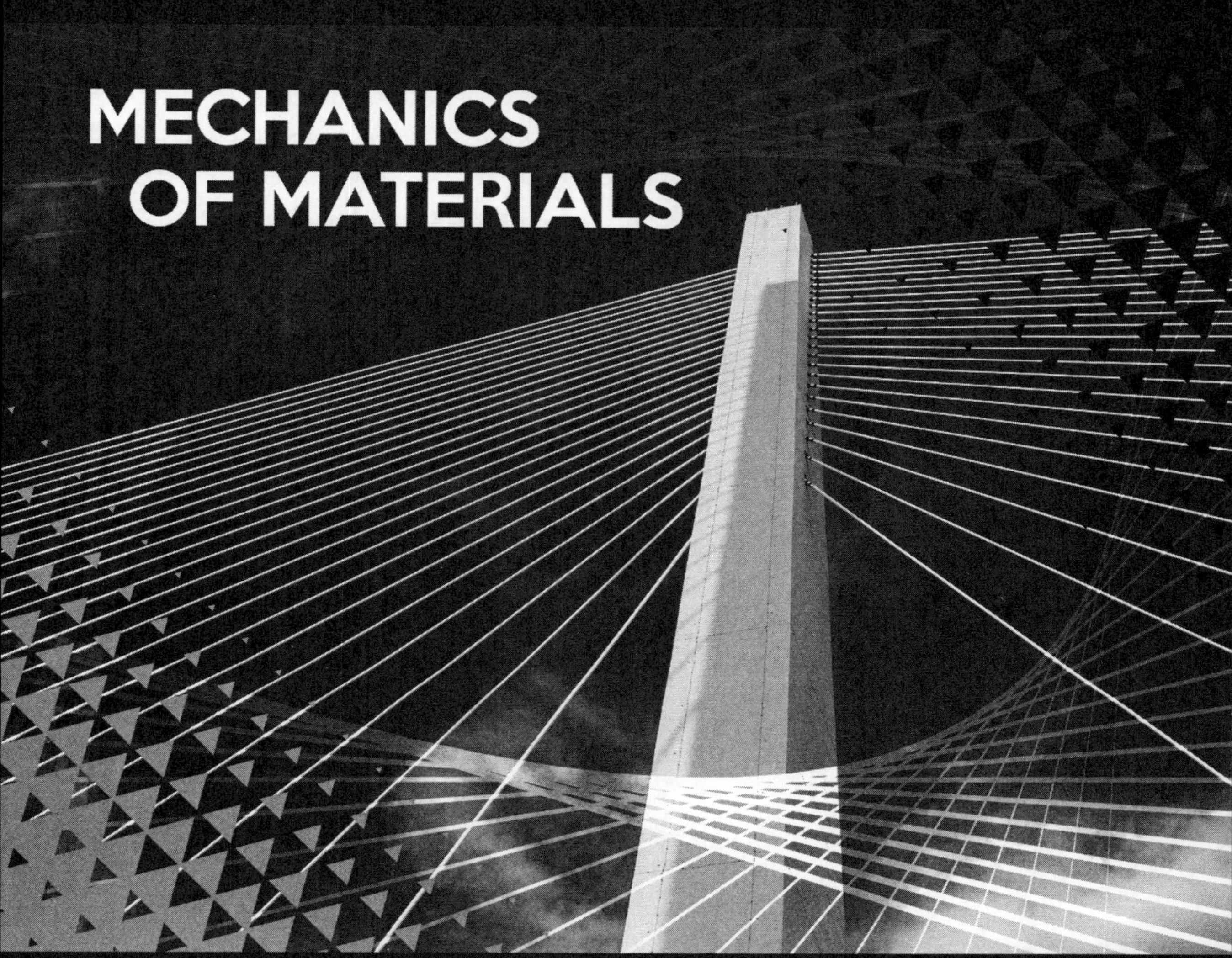

쉽게 배워 바로 쓰는

기초 재료역학

신금철 저

B.C.Info

머 / 리 / 말

재료역학을 다루는 교재는 국내외에 이미 많이 출판되어 있기 때문에 본서에 새롭게 쓸 내용이 없다고 생각합니다. 그러나 수학의 기본이 부족한 학생이나 실무에 응용하기를 원하는 재직자들이 재료역학의 개념과 응용에 쉽게 접근할 수 있도록 도와주는 서적은 많이 출판되지 않았고, 혹 출판된 것이 있다 하더라도 수록된 내용이 많아 오랜 시간 동안 학습하여 이론적, 수학적 접근 과정을 이해한 후에야 문제를 풀거나 실무에 적용할 수 있는 상황입니다. 필자는 이러한 상황에 대한 안타까운 마음을 가지고 본서를 출판하게 되었습니다.

본서는 아주 기초적인 수학 수준만으로도 재료역학적인 문제를 해결할 수 있을 뿐 아니라 기업 현장에서 발생하는 실무적인 문제를 해결할 수 있도록 구성되었습니다.

각 장의 서론에서는 해당 장에서 배우는 내용의 필요성을 설명하고 일상생활 또는 기업 현장에서 발생하는 실제 사례를 소개한 후 각 장에서 필요로 하는 가장 기초적인 개념을 설명하였습니다. 또 해당 개념을 설명하고 난 다음에는 실제 사례 또는 예제 문제를 통해 해당 개념이 어떻게 적용될 수 있는지 소개하였으며, 이때 문제를 풀이하는 과정을 매우 상세히 서술하여 학생들이 혼자서도 쉽게 공부할 수 있도록 하였습니다.

교재의 1장에서는 초/중/고등학교 과정에서 기초적인 수학을 배우지 않았거나, 배웠다 하더라도 이해하지 못한 학생들이 재료역학 문제를 해결하는 데 필요한 기초적인 수학을 쉽게 익히고 복습할 수 있도록 수학적 기초를 설명하고 간단한 예를 소개하였습니다. 2장과 3장에서는 공업역학에서 배운 내용 중 재료역학에서 꼭 필요로 하는 자유물체도 및 평형조건에 대해 복습하는 내용을 다루었습니다. 4장부터 12장까지는 재료역학에서 반드시 다루어야 할 내용을 짧고 쉽게 설명하였고, 부록에는 몇 가지 중요한 재료의 기본 물성치를 실었습니다. 또한 재료역학적 개념을 설명하기 위해 많이 사용되는 수학적, 이론적 접근과정을 과감히 생략함으로써 학습자들이 재료역학을 공부하는 데 있어서 부담을 덜 가지도록 하였습니다. 그리고 수학적, 이론적 접근을 통해 나온 개념 및 결과식에 대해서는 각각의 의미와 활용방법을 쉽게 설명하기 위해 노력하였습니다.

결과적으로 본서는 이론적, 수학적 문제해결 과정을 최소화하면서 동시에 실무에 사용하기 좋은 내용을 담는 것이 목표입니다. 모쪼록 저자가 저술한 의도에 맞게 본서를 통해 많은 학생들과 재직자들이 재료역학적 문제를 쉽고 간편하게 해결하는 데 도움을 받을 수 있기를 바랍니다.

2020년 4월

저자 씀

차 / 례

1장 수학적 기초

2장 재료역학의 기초

3장 기본 개념과 정의

4장 응력과 변형율

5장 응력-변형율 곡선

6장 열응력과 열변형율

7장 응력 해석

8장 모어원

9장 비틀림하중

10장 굽힘하중과 보

11장 보의 응력과 파손

12장 보의 처짐량

13장 기둥과 좌굴

CHAPTER 1

수학적 기초

1.1 기초 수학

1.1.1 분수 계산법

분모와 분자로 이루어진 분수(fraction)는 소수(decimal)로 표현할 수 있지만, 수학적 계산을 통해 간단하게 표현할 필요성이 있다. 분수도 자연수 및 정수와 같이 사칙연산이 가능한데, 이에 대해 간단히 살펴보자.

분수의 덧셈과 뺄셈:

$$\frac{b}{a} \pm \frac{d}{c} = \frac{bc \pm ad}{ac} \tag{식 1-1}$$

계산 예:

$$\frac{2}{3} + \frac{1}{2} = \frac{2 \times 2 + 1 \times 3}{3 \times 2} = \frac{4+3}{6} = \frac{7}{6},\ \frac{2}{3} - \frac{1}{2} = \frac{2 \times 2 - 1 \times 3}{3 \times 2} = \frac{4-3}{6} = \frac{1}{6}$$

분수의 곱셈:

$$\frac{b}{a} \times \frac{d}{c} = \frac{bd}{ac} \tag{식 1-2}$$

계산 예:

$$\frac{2}{3} \times \frac{1}{2} = \frac{2 \times 1}{3 \times 2} = \frac{2}{6} = \frac{1}{3}$$

분수의 나눗셈:

$$\frac{b}{a} \div \frac{d}{c} = \frac{\frac{b}{a}}{\frac{d}{c}} = \frac{bc}{ad} \tag{식 1-3}$$

계산 예 :

$$\frac{2}{3} \div \frac{1}{2} = \frac{\frac{2}{3}}{\frac{1}{2}} = \frac{2 \times 2}{3 \times 1} = \frac{4}{3}$$

여기서 a, b, c, d는 자연수 또는 정수이다.

1.1.2 등식 계산법

숫자와 문자로 식을 표현하고 등호로 수식을 연결하여 나타낸 것을 등식이라 하며, 항등식과 방정식이 이에 해당한다. 공학 문제를 해결하는 과정에서 간단한 등식 계산법을 통하여 우리가 필요로 하는 결과 값을 얻어야 하는 경우가 많으므로 이에 대하여 간단히 살펴보고자 한다.

먼저 가장 간단한 등식 계산법을 살펴보기 위해 a, b는 자연수 또는 정수(단, a는 0이 아님)라고 할 때 우리가 알지 못하는 숫자 x를 구하기 위해서는 아래와 같은 계산 과정을 따르면 된다.

$$ax = b \rightarrow x = \frac{b}{a} \qquad \text{(식 1-4)}$$

계산 예:

$$3x = 9 \rightarrow x = \frac{9}{3} = 3$$

항등식의 경우 간단한 계산 과정을 살펴보기 위해 a, b, c, d를 숫자 또는 문자라고 하고 아래와 같은 계산 과정을 따르면 된다.

$$\frac{b}{a} = \frac{d}{c} \rightarrow ad = bc \qquad \text{(식 1-5)}$$

계산 예:

$$\frac{x}{6} = \frac{1}{3} \rightarrow 6 \times 1 = x \times 3 \rightarrow 3x = 6 \rightarrow x = \frac{6}{3} = 2$$

1.1.3 연립 방정식

간단한 방정식의 경우 미지수가 1개지만, 실제 기업 현장이나 공학적인 문제를 다루다 보면 모르는 미지수가 2개 이상인 경우가 발생하기도 한다. 이때 2개 이상의 모르는 미지수를 계산하는 방법은 연립 방정식을 푸는 것이다. 아래는 2개의 미지수가 있을 때 연립 방정식을 계산하는 과정을 설명하고 있다.

2원 1차 연립 방정식 계산 과정:

$$\begin{matrix} ax+by=c \\ dx+ey=f \end{matrix} \rightarrow \begin{matrix} adx+bdy=cd \\ adx+aey=af \end{matrix} \rightarrow (bd-ae)x=cd-af \rightarrow x=\frac{cd-af}{bd-ae} \quad \text{(식 1–6)}$$

미지수 x를 구한 다음에는 원래의 식에 x를 대입하여 나머지 미지수 y를 구하면 된다.

계산 예:

$$\begin{matrix} 2x+3y=8 \\ 3x+2y=7 \end{matrix} \rightarrow \begin{matrix} 2\times3x+3\times3y=8\times3 \\ 2\times3x+2\times2y=2\times7 \end{matrix} \rightarrow \begin{matrix} 6x+9y=24 \\ 6x+4y=14 \end{matrix}$$

위의 식에서 아래 식을 빼고 나머지는 정리하면,

$$5y=10 \rightarrow y=\frac{10}{5}=2$$

y를 구하고 난 다음에는 처음 두 식 중 하나에 y 값을 대입하면,

$$2x+3\times2=8 \rightarrow 2x+6=8 \rightarrow 2x=8-6 \rightarrow 2x=2 \rightarrow x=1$$

위와 같이 나머지 미지수 x도 구하여 처음 알지 못했던 미지수 2개를 모두 구할 수 있다.

1.1.4 지수 계산법

공학 문제를 다루다 보면 지수 문제를 해결해야 하는 상황이 발생하게 된다. 간단한 예를 들면, 단위 환산을 할 때나 면적을 구할 때 지수 문제를 만나게 되는데 이 문제를 해결하기 위한 수학적 해결 방법을 살펴보도록 하자.

지수의 밑이 동일할 때 곱셈:

$$x^a \times x^b = x^a x^b = x^{a+b} \quad \text{(식 1–7)}$$

계산 예:

$$1000\times100=10^3\times10^2=10^{3+2}=10^5$$

지수의 밑이 동일할 때 나눗셈:

$$x^a \div x^b = \frac{x^a}{x^b} = x^{a-b} \quad \text{(식 1-8)}$$

계산 예:

$$1000 \div 100 = 10^3 \div 10^2 = 10^{3-2} = 10^1 = 10$$

복잡한 지수계산:

$$(x^a y^b)^c = x^{ac} y^{bc} \quad \text{(식 1-9)}$$

계산 예:

$$(x^2 y^3)^4 = x^{2\times 4} y^{3\times 4} = x^8 y^{12}$$

계산 예:

$$(9\times 1000)^2 = (3^2 \times 10^3)^2 = 3^{2\times 2} \times 10^{3\times 2} = 3^4 \times 10^6 = 81 \times 10^6$$

1.1.5 도형의 면적

도형의 면적을 구하는 문제는 아주 오래 전부터 중요하게 다루어져 왔다. 자신이 소유한 땅의 크기를 잰다든지 집의 크기를 표시하는 등 도형의 면적을 계산하는 문제는 공학적 계산에서 자주 부딪히는 문제이다. 실제 기업 현장에서 만나는 도형의 대부분은 기본 도형으로서 직사각형, 삼각형, 원과 같은 것이며, 이 도형들에 대한 계산 방법은 공학적 문제 해결에 있어서 중요한 것이므로 여기에서 간단하게 다루도록 한다.

직사각형 면적: 가로 길이 a, 세로 길이 b

$$A = a \times b = ab \quad \text{(식 1-10)}$$

계산 예: 가로 길이 6mm, 세로 길이 3mm인 직사각형의 면적 계산

$$A = 0.006 \times 0.003 = 6\times 10^{-3} \times 3 \times 10^{-3} = 6 \times 3 \times 10^{-3-3} = 18 \times 10^{-6} (m^2)$$

삼각형 면적: 밑변의 길이 a, 높이 h

$$A = \frac{1}{2} \times a \times h = \frac{1}{2} ah \quad \text{(식 1-11)}$$

계산 예:

밑변의 길이 6cm, 높이 3cm인 삼각형의 면적 계산

$$A=\frac{1}{2}\times0.06\times0.03=\frac{1}{2}\times6\times10^{-2}\times3\times10^{-2}=\frac{1}{2}\times6\times3\times10^{-4}=0.9\times10^{-3}(m^2)$$

원 면적: 반지름 r이고 지름 d(=2r)인 원

$$A=\pi r^2=\frac{\pi}{4}d^2 \qquad \text{(식 1-12)}$$

계산 예:

$$A=\frac{\pi}{4}\times0.1^2=0.0078539...=0.00785=7.85\times10^{-3}(m^2)$$

1.2 삼각함수

1.2.1 피타고라스의 정리

고대 이집트에서는 나일강이 범람하고 나면 나일강 주변에 농지를 소유한 사람들이 자신의 땅을 다시 확보하기 위해 도형의 면적 계산을 하는 방법을 매우 오래 전부터 알고 있었다. 고대 이집트와 메소포타미아 지역에 살았던 사람들이 땅의 면적 계산에 사용한 수학적 방법이 피타고라스의 정리이며, 이는 다양한 공학적 접근 방법에서 사용할 수 있는 원리이므로 이에 대해 살펴보도록 하자.

피타고라스 정리: 직각삼각형의 빗변의 길이 c, 밑변의 길이 a, 높이 b

$$c^2=a^2+b^2 \qquad \text{(식 1-13)}$$

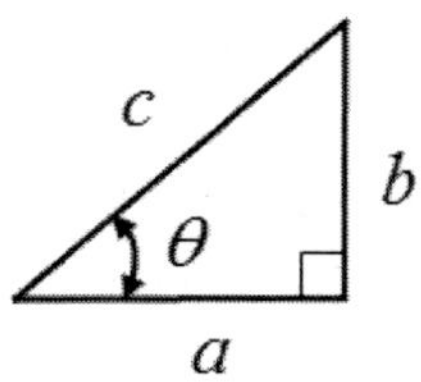

여기서 $\sin\theta=\frac{b}{c}$, $\cos\theta=\frac{a}{c}$, $\tan\theta=\frac{b}{a}$라고 정의하면,

$$\frac{c^2}{c^2}=\frac{a^2}{c^2}+\frac{b^2}{c^2} \rightarrow 1^2=\sin^2\theta+\cos^2\theta \rightarrow \sin^2\theta+\cos^2\theta=1 \quad \text{(식 1-14)}$$

1.2.2 삼각비

앞에서 살펴 본 sin 함수와 cos 함수의 정의를 이용하면, 직각삼각형의 빗변의 길이와 각도를 이용하여 밑변의 길이와 높이를 계산할 수 있다.

$$b=c\times\sin\theta,\ a=c\times\cos\theta \quad \text{(식 1-15)}$$

계산 예: 아래와 같은 직각 삼각형에서 밑변의 길이와 높이를 구하시오.

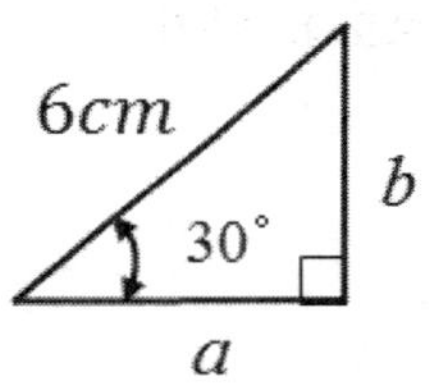

$b=6\times\sin 30^\circ=3\text{cm}, a=6\times\cos 30^\circ=5.20\text{cm}$

1.3 미분과 적분

1.3.1 미분

미분(differential)을 간단히 정의하면, 아주 잘게 나누는 것이다. 단, 공간을 아주 잘게 나누어서 아주 얇은 공간이 되는 게 아니라 하나의 면이 되도록 만들고, 또 면을 아주 잘게 나누어서 선으로 만드는 것이다. 그래서 3차원이 2차원이 되고 2차원이 1차원이 되는 것, 즉 차수가 낮아지는 것이 미분이다. 복잡한 수학적 접근 방법을 피해 간단하게 설명하면, 미분은 미분하고자 하는 점에서의 기울기라고 생각하면 될 것이다. 그러면 함수 중 가장 간단한 형태 중 하나인 다항식의 미분에 대해 살펴보도록 하자.

다항식의 미분:

$$\frac{dy}{dx} = \frac{d}{dx}(x^n) = nx^{n-1} \quad \text{(식 1–16)}$$

사용 예: 다항식 $y = 2x^4 + 3x^3 - x^2 - 4x + 2$를 미분하시오.

$$\frac{d}{dx}(2x^4 + 3x^3 - x^2 - 4x + 2) = 8x^3 + 9x^2 - 2x - 4$$

1.3.2 적분

적분(integral)은 미분과 반대로 선을 무한히 많이 더해서 면을 만들고, 또 면을 무한히 많이 더해서 공간을 만드는 것이다. 그러면 이번에는 마찬가지로 함수 중 가장 간단한 형태 중 하나인 다항식의 적분에 대해 살펴보도록 하자.

다항식의 적분:

$$\int x^n dx = \frac{1}{n+1}x^{n+1} + C \quad \text{(식 1–17)}$$

여기서 C는 적분상수이며 문제에 따라 주어진 조건을 이용하여 구할 수 있다.

사용 예: 다항식 $y = 2x^4 + 3x^3 - x^2 - 4x + 2$를 적분하시오.

$$\int (2x^4 + 3x^3 - x^2 - 4x + 2)dx = \frac{2}{5}x^5 + \frac{3}{4}x^4 - \frac{1}{3}x^3 - 2x^2 + 2x + C$$

1.4 단위의 종류와 환산

1.4.1 단위의 종류

수학적 세상과 달리 실제 세상은 다양한 물리적 특징을 지니고 있다. 모든 물체가 공간 안에 존재하므로 길이의 단위가 필요하듯이, 물체가 이동하기 위해서 시간이 걸리므로 시간의 단위가 필요하다. 그리고 물체의 덩어리 자체에서 나오는 특성, 즉 질량이라는 단위가 필요하며 물체의 에너지를 간접적으로 알 수 있는 온도라는 단위도 필요하다. 이와 같이 길이, 시간, 질량, 온도를 기초 단위라고 하고, 기초 단위가 여러 가지 방식으로 조합되면 보충 단위가 만들어진다. 대표적인 보충 단위가 힘, 각도, 압력, 모멘트, 에너지, 동력 등이다.

단위를 사용할 때 쓰는 단위계는 그 종류가 다양하며 나라마다 다르다. 예를 들어 미국에서는 USCS(United States customary system, 미국 단위계)를 사용하는데, 길이 단위로 인치(inch)나 피트(ft)를 쓴다. 이는 영국 단위계에서 유래한 것이다. 나라마다 서로 다른 단위계를 쓰면 소통에 있어 어려움이 발생하므로 대부분의 나라에서는 단위계를 통일하여 SI(System of International Unit, 국제 단위계)를 사용하고 있다. 그러므로 본 교재에서는 SI 단위계를 기본적으로 사용하고, 필요할 때에는 일부 나라의 단위계를 사용할 것이다.

하지만 모두 공통적으로 SI 단위계를 사용한다 해도 단위의 크기가 너무 크거나 작으면 표시하는 데 어려움을 겪을 수 있다. 그러므로 기본 단위를 정하고 나머지를 간단하게 표시하는 방법을 찾는 것이 좋다. 예를 들어, 길이 단위에는 미터(m), 킬로미터(km), 센티미터(cm), 밀리미터(mm) 등이 있다. 그 중에서 미터를 기본 단위로 쓰고 나머지 단위는 기본 단위로 변환하면 된다. 그러면 이제부터 SI 단위에서 기초 단위와 보충 단위를 정리해보고, 크고 작은 단위를 기본 단위로 표시하는 방법을 살펴보도록 하자.

표 1. SI 단위계

기초 단위				보충 단위				
길이	시간	질량	온도	각도	힘	압력	모멘트	에너지
m	sec	kg	℃	(rad)	N	Pa	N · m	J
km	min	g	℉	°	kN	kPa	kN · m	kJ
cm	hrs	mg	K		kgf	MPa		
mm						GPa		

각 단위의 가장 위에 적힌 것은 기본적으로 사용하는 것이며, 다르게 표시된 것은 기본 단위로 변환해야 하는 것이다. 이에 대한 표시 방법을 길이 단위를 사례로 아래 표에 설명하였다.

표 2. 크고 작은 단위 표시법(길이 단위)

길이 단위	기본 단위 표시 1	기본 단위 표시 2	읽는 법
1Gm	1,000,000,000m	10^9m	Giga(기가)
1Mm	1,000,000m	10^6m	Mega(메가)
1km	1,000m	10^3m	kilo(킬로)
1m	1m	1m	–
1cm	0.01m	10^{-2}m	centi(센티)
1mm	0.001m	10^{-3}m	mili(밀리)
1㎛	0.000001m	10^{-6}m	micro(마이크로)
1nm	0.000000001m	10^{-9}m	nano(나노)

크고 작은 단위의 실제 사용 예를 살펴보면 아래 표와 같다.

표 3. 크고 작은 단위의 실제 사용 예

10^x	10^9	10^6	10^3	10^{-2}	10^{-3}	10^{-6}	10^{-9}
표시법	Giga	Mega	kilo	centi	mili	micro	nano
사용 예	207GPa (탄성계수)	300MPa (항복강도)	6,365km (지구반경)	170cm (키)	0.1mm (머리카락)	10㎛ (세포)	0.1nm (원자)

1.4.2 단위 환산법

앞에서 살펴본 대로 SI 단위계에서는 대부분의 경우 10^3을 기준으로 표시하는 방법을 사용하고 있지만, 그렇지 않은 경우도 있다. 예를 들어 시간 단위에서 1min은 60sec이며, 1hrs은 60min이고 동시에 3,600sec로 표시할 수도 있다. 온도의 경우도 각각의 정의에 따라 섭씨(℃)를 화씨(°F)로 바꾸는 특별한 수식을 사용해야 하며 각도의 경우에는 일반적으로 사용하는 디그리(degree)를 라디안(radian)으로 바꾸어야 한다. 또한 힘의 단위 역시 kgf를 기본 단위인 뉴턴(N)으로 바꾸어야 하는데 단위 환산에 있어서 특별한 몇 가지에 대해 상세히 살펴보도록 하자.

시간 단위 변환:

1hrs = 60min = 3,600sec, 1min = 60sec

사용 예: 15분을 기본 단위로 변환하시오.

$$15\text{min} = 15 \times 60 = 900\text{sec}$$

온도 단위 변환: C는 섭씨(℃), F는 화씨(℉), K는 절대온도(K, 켈빈)

$$C = \frac{F-32}{1.8},\ C = K - 273.15 \qquad \text{(식 1–18)}$$

사용 예: 86℉를 온도의 기본 단위인 섭씨 온도로 변환하시오.

$$C = \frac{86-32}{1.8} = \frac{54}{1.8} = 30℃$$

각도 단위 변환:

$$360° = 2\pi \rightarrow 1° = \frac{\pi}{180} \qquad \text{(식 1–19)}$$

사용 예: 70° 를 각도의 기본 단위인 라디안으로 변환하시오.

$$1° = \frac{\pi}{180} \rightarrow 70° = 70 \times 1° = 70 \times \frac{\pi}{180} = 1.22(rad)$$

힘의 단위 변환: W는 중력 또는 힘(N), m은 질량(kg), g는 중력가속도(9.81m/sec^2)

$$W = mg \qquad \text{(식 1–20)}$$

사용 예: 70kg의 질량을 가진 사람의 몸무게를 힘의 기본 단위로 계산하시오.

$$W = mg = 70 \times 9.81 = 687N$$

각속도 단위 변환: ω 는 각속도(rad/sec), N은 분당 회전수(rpm)

$$\omega = \frac{2\pi N}{60} \qquad \text{(식 1–21)}$$

사용 예: 분당 회전수가 200rpm인 모터의 각속도를 기본 단위로 변환하시오.

$$\omega = \frac{2\pi N}{60} = \frac{2\pi \times 200}{60} = 20.9 rad/\text{sec}$$

연 습 문 제

1. 외경이 5cm, 내경이 3cm인 환봉의 단면적을 기본 단위로 구하라.

2. 함수 A(x)를 미분하면 함수 B(x)가 되고, 함수 B(x)를 미분하면 함수 D(x)가 된다고 한다. 함수 D와 함수의 조건이 아래와 같다면 함수 A(1)과 B(1)을 구하라.

$$D(x) = 24x^2 - 6x + 4,\ B(0) = 0,\ A(0) = 3$$

3. 2(rad)을 디그리 각도로 변환하라.

4. 질량이 15kg인 사람의 몸무게를 기본 단위로 구하라.

5. 200rad/sec의 각속도를 분당 회전수로 변환하라.

문 제 풀 이

1. $A=\frac{\pi}{4}(0.05^2-0.03^2)=0.00126=1.26\times10^{-3}(m^2)$

2. $\int D(x)dx=\int(24x^2-6x+4)dx=8x^3-3x^2+4x+C_1$
$\rightarrow B(0)=C_1=0\rightarrow B(x)=8x^3-3x^2+4x$

$\int B(x)dx=\int(8x^3-3x^2+4x)dx=2x^4-x^3+2x^2+C_2$
$\rightarrow A(0)=C_2=3\rightarrow A(x)=2x^4-x^3+2x^2+3$
$\rightarrow A(1)=6,\ B(1)=9$

3. $\pi=180^\circ\ \rightarrow\ 1=\frac{180^\circ}{\pi}\ \rightarrow\ 2(rad)=2\times\frac{180^\circ}{\pi}=115^\circ$

4. $W=mg=15\times9.81=147N$

5. $\omega=\frac{2\pi N}{60}\ \Rightarrow\ N=\frac{60\omega}{2\pi}=\frac{60\times200}{2\pi}=1910rpm$

CHAPTER 2

재료역학의 기초

2.1 재료의 종류

재료의 종류는 크게 고체, 액체, 기체로 나눌 수 있다. 물을 예로 들면, 얼음은 고체이고 물은 액체이며 수증기는 기체이다. 액체에는 물을 비롯하여 석유, 주스, 우유, 액화 산소 등이 있고, 기체에는 수증기, 공기, 산소, 수소 등이, 고체에는 철 · 알루미늄과 같은 금속, 플라스틱 · 고무와 같은 폴리머, 유리 · 시멘트와 같은 세라믹 재료도 있다.

고체의 가장 큰 특징은 스스로 자기 형상을 유지할 수 있다는 점이다. 이와 같은 고체에 힘이 가해질 때 일어나는 현상을 다루는 학문이 재료역학이다.

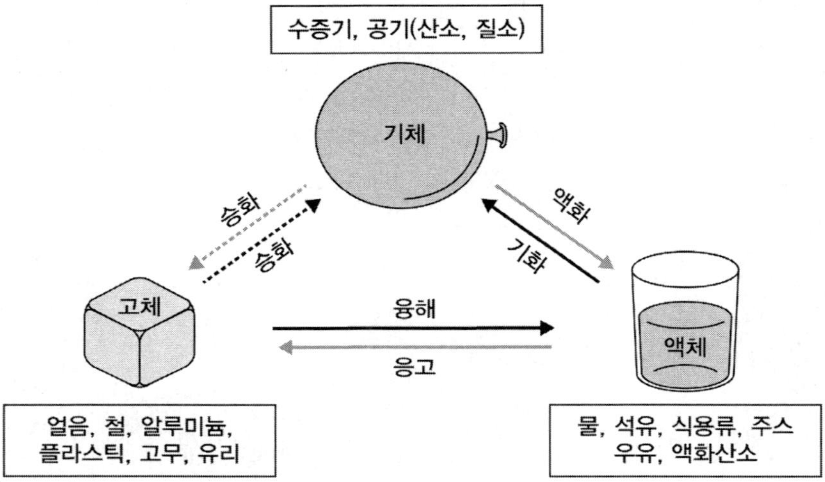

그림 2-1 물질의 상태 변화

이 고체 재료를 이용하여 사람들이 사용하는 제품을 만들기 위해 필요한 가장 기초적인 요소는 바로 힘이다. 힘이 가해지면 고체의 형상이나 크기 및 강도를 변화시키므로 사람들의 필요에 적합한 제품을 만들 수 있다.

힘의 종류는 크게 체적력과 표면력으로 나눌 수 있다.

체적력은 물체의 덩어리 자체에서 나오는 힘으로, 기계공학에서 볼 때 간단하게 중력이라고 말할 수 있다.

표면력은 외부에서 물체의 표면에 가해지는 힘으로서 크게 5가지로 분류할 수 있다. 물체를 당기는 힘(인장하중), 물체를 누르는 힘(압축하중), 물체를 자르는 힘(전단하중), 물체를 휘게 하는 힘(굽힘하중), 물체를 비트는 힘(비틀림하중)이 그것이다.

고체 재료에 외부에서 5가지 힘을 가하면 다양한 모양의 형상을 만들 수 있으며 그런 과정의 최종 결과물이 바로 우리가 사용하는 다양한 형상과 기능의 제품이다.

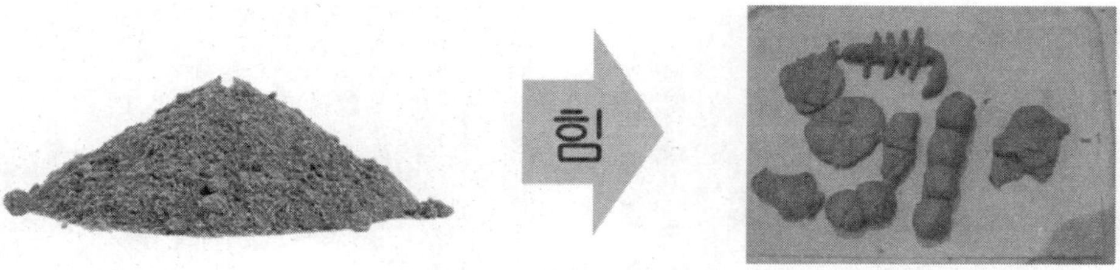

5가지 힘에 의한 형상의 변화

< 철광석 > < 철 강판 > < 자동차 >

그림 2-2 재료에 힘을 가하여 제품을 만드는 과정

2.2 역학의 정의와 역사

역학이란 힘이 작용하고 있는 물체의 정지 상태(정역학)나 운동 상태(동역학)를 다루는 물리학의 한 분야이다. 공업역학(정역학, 동역학)이 외부에서 표면력이 가해질 때 물체의 외적인 평형 상태와 운동 상태를 다룬다면, 재료역학은 물체의 외부로부터 표면력이 가해질 때 물체의 내부 변화를 다룬다고 할 수 있다. 내부 변화의 종류에는 물체의 내력(응력)과 움직임(변형율)이 대표적이며, 재료역학을 통해 앞으로 자세하게 다루게 될 것이다.

그러면 지금부터 이러한 역학이 언제 시작되었고 어떻게 발전되어 왔는지 살펴보자.

문헌으로 기록된 최초의 역학은 아르키메데스(BC 287-212)이다. 그는 부력의 원리를 발견하였을 뿐만 아니라 지렛대의 원리를 이용하여 투석기와 기중기를 개발하였다. 이후 많은 과학자들에 의해 역학의 많은 발전이 이루어졌다. 스테비너스(1548-1620)는 벡터 조합의 법칙을 정리하였고, 갈릴레오 갈릴레이(1564-1642)는 돌의 낙하 원리 등을 통해 동역학적 진보를 이루어냈으며, 얼마 후 아이작 뉴턴(1642-1727)은 만유인력(중력)의 법칙과 운동의 법칙을 정리하여 오늘날까지 이르고 있다.

그림 2-3 아르키메데스의 지렛대와 뉴턴의 사과

2.3 좌표계

재료역학에서 재료에 가해지는 힘과 재료 내부에서 발생하는 내력, 재료의 움직임을 표현하려면 상호 간 합리적인 의사소통을 위한 기준이 필요하다. 위치와 방향을 표시하기 위해 사용되는 대표적인 의사소통 기준으로 좌표계가 있다.

좌표계는 동일한 물체에 대해 서로 다른 사람이 동일하게 인식하여 합리적으로 의사소통을 할 수 있도록 도와주는 위치 표시 체계이다. 대표적인 좌표계가 직교좌표계이며, 그 외에도 원통좌표계와 구면좌표계 등이 있다. 재료역학에서는 대부분 직교좌표계를 사용할 것이다. 이 세 가지 좌표계의 특징에 대하여 간단히 살펴보자.

그림 2-4 직교좌표계

직교좌표계는 3차원 공간을 x, y, z 세 개의 수직선을 교차하여 물체의 위치를 표시하는 방법이다. 이때 세 개의 직선이 만나는 점을 원점으로 삼고, 물체가 위치한 x, y, z의 수의 크기를 표시하여 물체의 위치를 나타낸다. 즉 직교좌표계는 세 개의 직선으로 물체의 위치를 표시하는 것이다. 위의 그림처럼 진열장은 사각형이므로 직교좌표계를 사용하면 진열장에 놓인 물체의 위치를 표시하기 쉽다.

이에 비해 통조림 캔과 같은 원통형 모양의 물체를 표현할 때는 원통좌표계가 편리하다. 원통좌표계는 두 개의 직선과 한 개의 각도로 물체의 위치를 표시하는 방법으로, 공작물을 가공하는 선반과 같은 공작기계의 가공 현상을 설명할 때 편리하다.

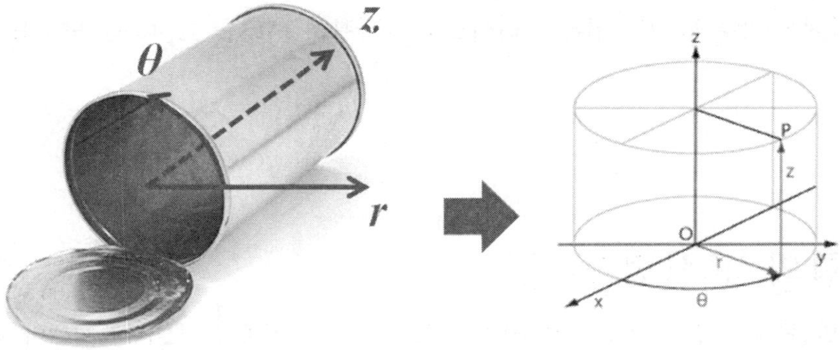

그림 2-5 원통좌표계

지구나 천체 또는 축구공과 같이 구 형상을 가진 물체나 공간을 표현할 때는 구면좌표계가 편리하다. 구면좌표계는 한 개의 직선과 두 개의 각도로 물체의 위치를 표시하는 방법으로, 천문학에서 별의 위치나 행성의 운동을 설명할 때 편리하다.

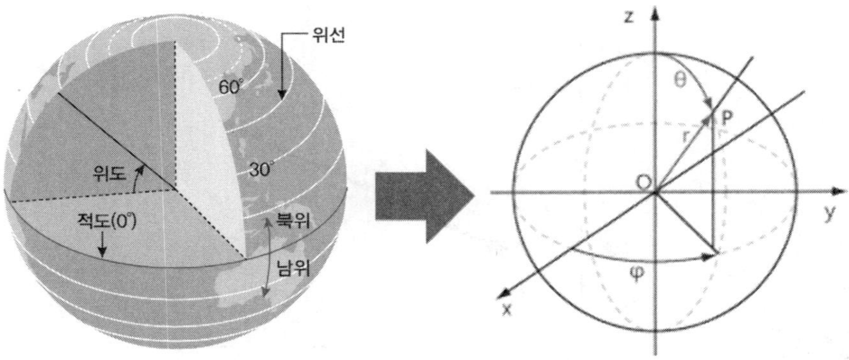

그림 2-6 구면좌표계

2.4 벡터와 스칼라

공학적 문제를 해결하는 과정에서 우리는 다양한 물리량을 다루는데, 이 물리량은 크기만 표시하는 것과, 크기와 방향을 모두 표시하는 것으로 나눌 수 있다. 크기만 표시하는 것을 스칼라(scalar), 크기와 방향을 모두 표시하는 것을 벡터(vector)라고 한다. 예를 들어 온도가 몇 도인지 얘기할 때, 크기만 말해도 온도를 표시할 수 있으므로 온도는 스칼라에 해당된다. 이는 사람의 키도 마찬가지이다. 그러나 길을 물어볼 때 왼쪽으로 200m를 가면 된다고 말한다면, 이는 크기(200m)와 방향(왼쪽)을 모두 표시하는 벡터에 해당된다.

힘의 경우에도 크기와 방향을 모두 표시해야 한다. 예를 들어 중력은 W=mg로 크기를 계산하고 그 방향은 지구 중심방향이다. 크기와 방향을 모두 표시하므로 중력 역시 벡터에 해당된다. 재료역학에서 다루게 되는 힘은 벡터이므로 지금부터 벡터를 표시하는 방법을 배우도록 할 것이다.

2.5 힘의 표시법

앞서 말한 것과 같이 힘은 벡터이기 때문에 크기와 방향을 모두 표시해야 한다. 그리고 힘이 작용하는 위치가 특정되어 있다면 작용점도 표시하면 힘을 분석하는 데 유리하다. 작용점은 표시하지 않아도 상황에 따라 알 수 있으며 어떤 경우에는 필요하지 않기도 하다. 그러나 크기와 방향은 반드시 표시해야 한다. 벡터를 표시하는 가장 쉽고 편리한 방법은 화살표로 표시하는 것인데 힘의 크기는 화살표의 길이로, 방향은 각도로 표시하면 된다. 이때 화살표와 방향에 각각 크기 값과 각도 값을 적으면 된다.

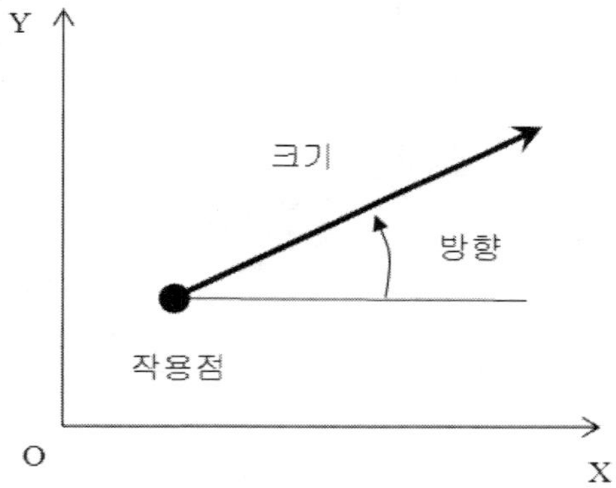

그림 2-7 힘의 표시법

2.6 힘의 분해

아프리카 초원에서 드럼물통(Hippo water roller)을 끌고 가는 어린아이의 모습을 생각해 보자. 드럼물통에는 중력(gravity)이 작용하고 있고, 어린아이가 잡아끌고 있는 줄에 의해 장력(tension)이 가해지고 있으며, 드럼물통과 바닥 사이에서는 수직항력(normal force)과 마찰력

(friction)이 발생하게 될 것이다. 중력의 크기는 물통의 질량과 중력가속도의 곱으로 계산할 수 있고 방향은 지구 중심 방향이 될 것이다. 장력의 크기는 어린아이가 당기는 힘의 크기이고 방향은 당기는 줄의 방향이 될 것이다. 수직항력의 크기는 장력과 중력의 크기에 따라 결정될 것이고 방향은 드럼물통이 지면에 닿는 면에 수직방향이 될 것이며, 마찰력의 크기는 $f = \mu N$으로 계산할 수 있고 마찰력은 저항력으로 작용하기 때문에 마찰력의 방향은 물체가 움직이는 반대방향이 될 것이다. 여기서 f는 마찰력, μ는 마찰계수, N은 수직항력이다.

그림 2-8 드럼물통에 가해진 힘의 표시

드럼물통에 가해진 힘을 모두 표시한 결과를 고려하여 직교좌표계를 정하면, 지면의 오른쪽 방향을 x로 두고 지면에서부터 하늘로 향하는 방향을 y로 두는 것이 편리할 것이다. 참고로 좌표계의 방향은 편리한 대로 독자가 정하면 된다. 그러면 중력, 수직항력, 마찰력은 좌표계의 방향과 일치하지만, 장력은 좌표계와 일정한 각도를 두고 경사진 방향이다. 경사진 방향에 대해서는 힘의 계산이 불가능하므로 장력을 x-방향과 y-방향으로 나누어 T_x와 T_y로 계산하는 것이 편하다. 그러면 모든 힘이 x, y의 방향과 일치하여 x, y 방향 각각에 대하여 더하고 뺄 수 있다. 이러한 작업을 힘의 분해라고 하는데 그 과정을 간단하게 정리해 보도록 하자.

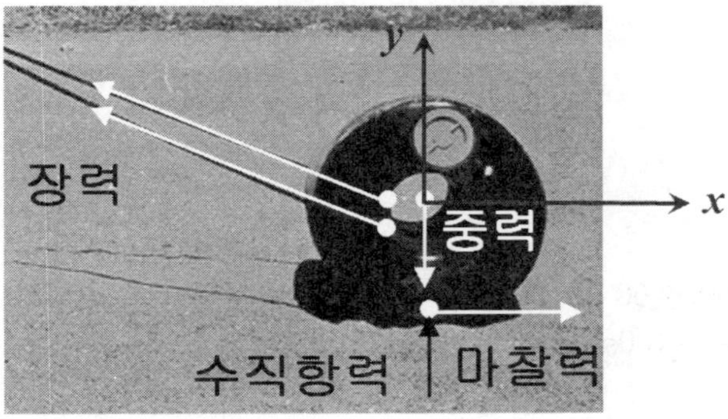

그림 2-9 드럼물통의 좌표계 설정

좌표계와 경사진 힘에 대한 분해 방법은 다음과 같다. 먼저 경사진 힘(F)를 각 좌표계 x, y에 수직선을 내려 F_x 및 F_y로 표시한다. 그 다음으로 F와 좌표계 사이에 낀 각을 이용하여 F_x와 F_y를 구하면 된다. 각이 낀 분력은 $F\cos\theta$로 계산하고 각이 끼어있지 않은 분력은 $F\sin\theta$로 계산하면 된다.

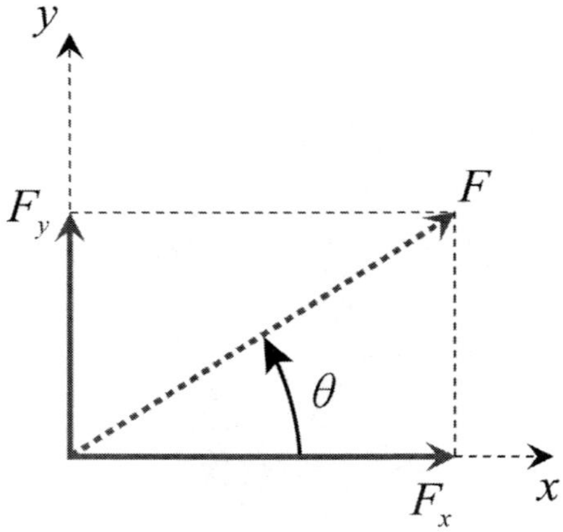

$$F_x = F\cos\theta$$
$$F_y = F\sin\theta$$

예제 1

아래 그림과 같이 100N의 힘을 줄에 가했을 때, 수평 및 수직 방향 분력을 계산하라.

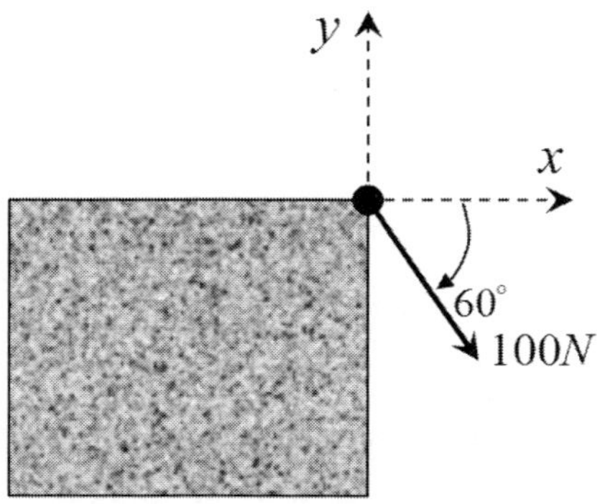

그림 2-10 힘의 분해 방법

풀 이

$F_x = F\cos\theta = 100\cos 60^\circ = 50N$

$F_y = -F\sin\theta = -100\sin 60^\circ = -86.6N$

중요)
F_x는 x-좌표계와 방향이 일치하므로 (+) 값으로 계산되고,
F_y는 y-좌표계와 방향과 반대 방향이므로 (-) 값으로 계산된다.

2.7 힘의 합성

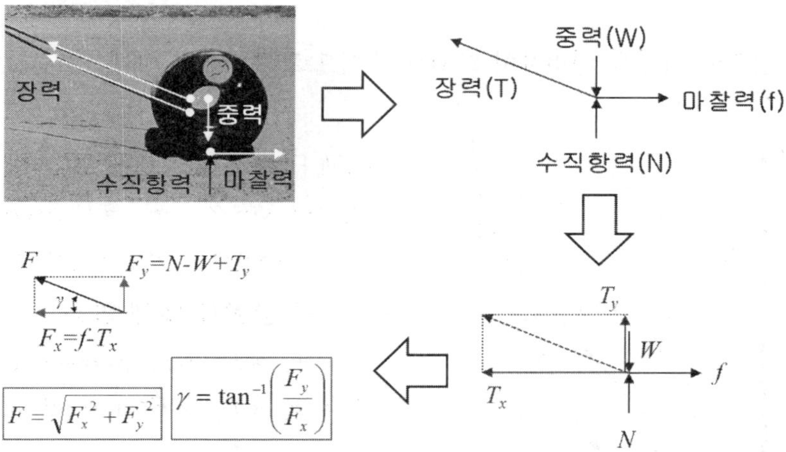

그림 2-11 힘의 분해 및 합성 과정

드럼물통에 표시된 힘을 모두 분해하여 x, y 방향으로 각각 표시하고 나면, 각 방향으로 표시된 힘을 더하고 빼는 계산과정을 통하여 x-방향으로 1개의 힘, y-방향으로 1개의 힘을 계산해낼 수 있다. 드럼물통에 표시된 힘의 종류가 몇 개가 되든 상관없이 분해된 힘을 모두 더하면 x, y 방향으로 각각 1개씩 나오게 된다. 그러면 F_x와 F_y를 다시 1개의 힘으로 표시하면 최종적으로 드럼물통에 가해진 1개의 힘으로 나타낼 수 있고 최종적으로 계산된 힘의 크기와 방향에 따라 드럼물통의 움직임을 파악할 수 있을 것이다. 이와 같이 F_x와 F_y를 1개의 힘 F로 다시 합치는 과정을 힘의 합성이라고 한다. 이제부터 힘의 합성 과정을 자세하게 살펴보도록 하자.

예를 들어 드럼물통의 힘을 분해한 결과 x-방향에는 마찰력과 장력의 x-방향 성분만 남아 있으므로 이 두 개의 힘을 더하여 F_x라고 하자. y-방향에는 중력과 수직항력, 장력의 y-방향 성분이 있으므로 이를 모두 더하여 F_y라고 하면, 결국 드럼물통에 가해진 모든 힘은 x-방향의 F_x와 y-방향의 F_y로 두 개의 힘만 남게 된다. 서로 수직 상태에 있는 두 개의 힘을 더하는 과정이 바로 힘의 합성 과정인데 이는 두 개의 단계로 나눌 수 있다. 첫째는 힘의 크기를 구하는 과정이고, 둘째는 힘의 방향을 구하는 과정이다. 힘의 크기는 피타고라스 정리를 이용하

여 직각 삼각형의 밑변과 높이를 제곱하여 더한 값에 제곱근을 계산하여 구할 수 있다. 힘의 방향은 직각 삼각형의 높이를 밑변의 길이로 나눈 값이 tan로 나타나는 것을 이용하여 구할 수 있다. 이 과정을 정리하면 아래 식과 같다.

힘의 합성 과정:

1단계 $F = \sqrt{F_x^2 + F_y^2}$ (식 2-1)

2단계 $\gamma = \tan^{-1}(\frac{F_y}{F_x})$ (식 2-2)

지금까지 설명한 과정을 정리하여 그림과 수식으로 표현하면 아래와 같다.

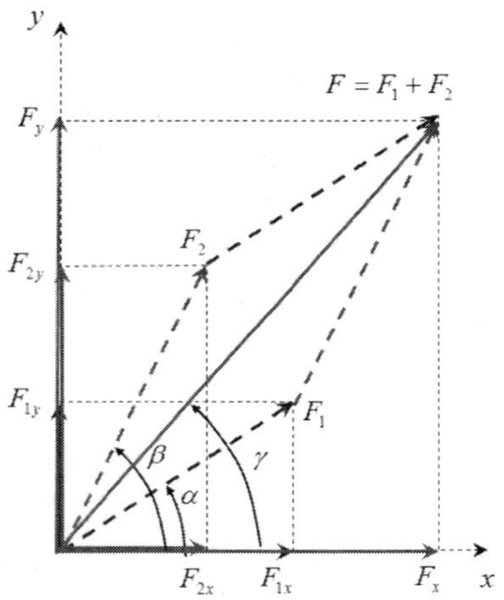

-F_1과 F_2를 x, y 성분으로 분해

$F_{1x} = F_1 \cos\alpha \quad F_{2x} = F_2 \cos\beta$

$F_{1y} = F_1 \sin\alpha \quad F_{2y} = F_2 \sin\beta$

-x, y 각 방향에 대해 합성

$F_x = F_{1x} + F_{2x} = F_1 \cos\alpha + F_2 \cos\beta$

$F_y = F_{1y} + F_{2y} = F_1 \sin\alpha + F_2 \sin\beta$

-F_x와 F_y를 F로 표시함(크기, 방향)

$F = \sqrt{F_x^2 + F_y^2}$ $\quad$ $\gamma = \tan^{-1}\left(\frac{F_y}{F_x}\right)$

그림 2-12 힘의 합성 과정 정리

예제 2

아래 그림과 같이 두 개의 힘을 지지하고 있는 링이 있다. 이 링이 지지하는 힘의 합력을 구하여라.

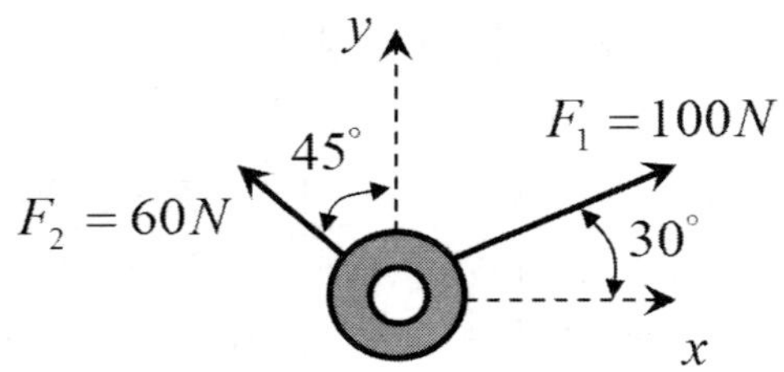

풀 이

힘을 모두 분해한 다음 각 방향에 따라 더하면,

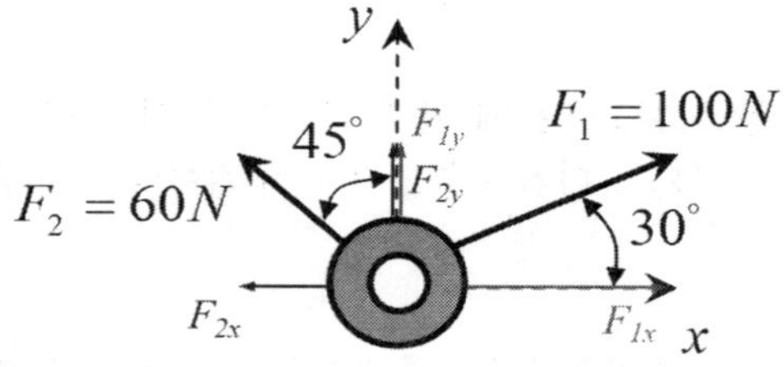

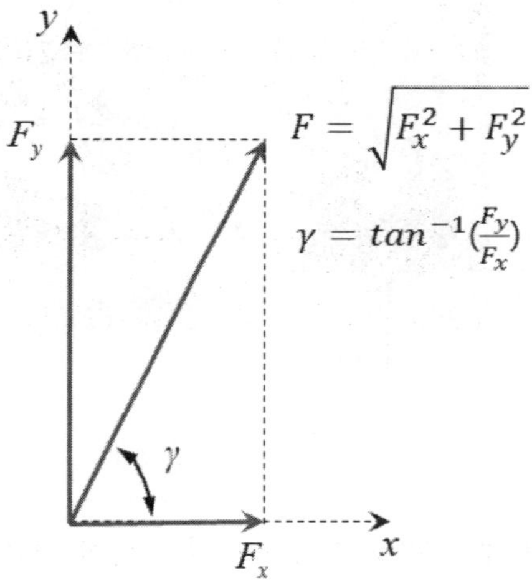

$$F_x = F_{1x} + F_{2x} = F_1\cos30° - F_2\sin45° = 100\cos30° - 60\sin45° = 44.2N$$
$$F_y = F_{1y} + F_{2y} = F_1\sin30° + F_2\cos45° = 100\sin30° + 60\cos45° = 92.4N$$

여기에서 다시 F_x와 F_y를 합성하면,

$$F = \sqrt{F_x^2 + F_y^2} = \sqrt{44.2^2 + 92.4^2} = 102N$$
$$\gamma = \tan^{-1}(\frac{F_y}{F_x}) = \tan^{-1}(\frac{92.4}{44.2}) = 64.4°$$

연 습 문 제

1. 아래와 같이 드럼물통을 끌고 갈 때 발생하는 모든 힘을 더한 합성력(F)를 구하시오. (이때 드럼물통 무게는 30kgf, 마찰계수는 0.3, 수직항력은 100N, 장력은 388N, θ=30° 이라고 한다.)

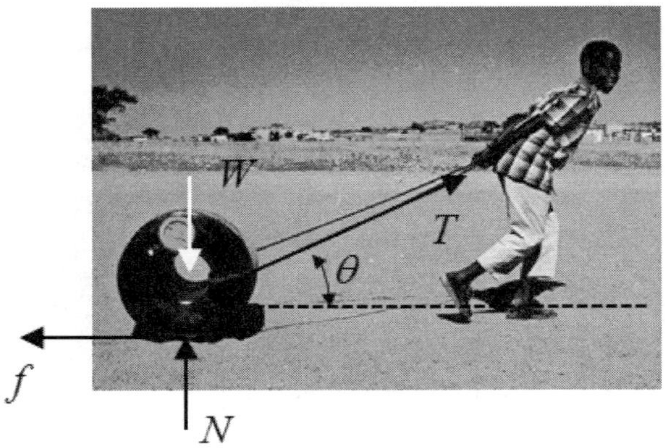

2. 아래 그림과 같이 두 개의 힘을 지지하고 있는 링이 있다. 이 링이 지지하는 힘의 합력을 구하라.

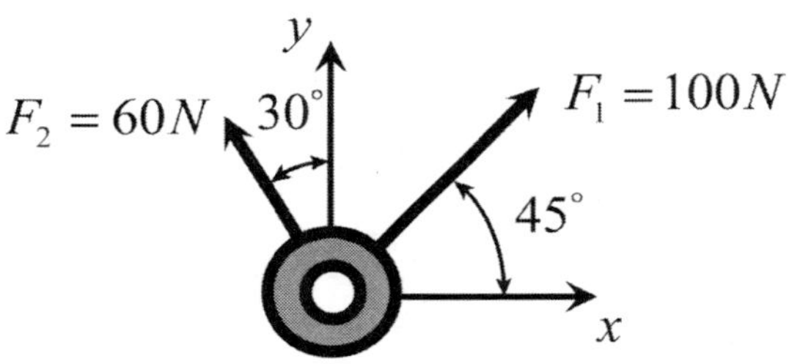

문 제 풀 이

1. 자유물체도를 이용하여 드럼물통에 가해지는 힘을 정리하여 그리면 아래와 같다.

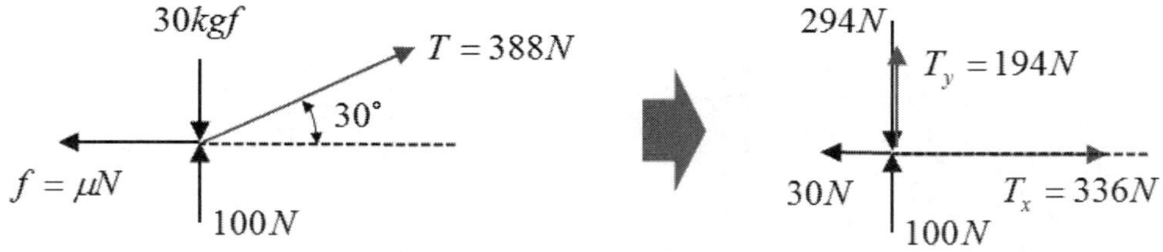

$$F_x = 336 - 30 = 306N$$
$$F_y = 194 + 100 - 294 = 0N$$

이 결과를 이용하여 힘을 합성하면,

$$F = \sqrt{F_x^2 + F_y^2} = \sqrt{306^2 + 0^2} = 306N$$
$$\gamma = \tan^{-1}\left(\frac{F_y}{F_x}\right) = \tan^{-1}\left(\frac{0}{306}\right) = 0^\circ$$

2. 두 개의 힘을 각각 분해하면,

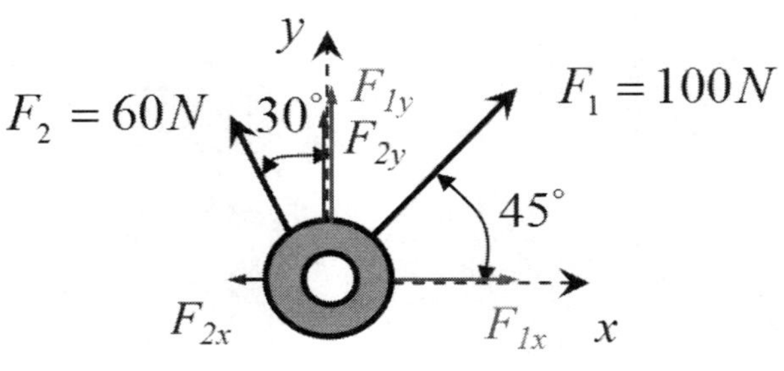

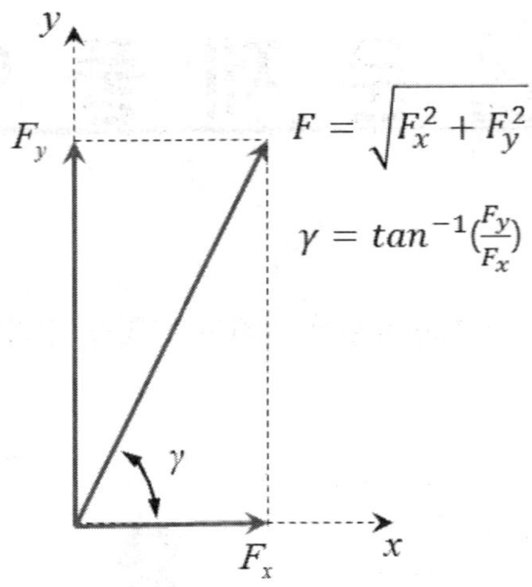

$$F_x = F_{1x} + F_{2x} = F_1\cos45^\circ - F_2\sin30^\circ = 100\cos45^\circ - 60\sin30^\circ = 40.7N$$
$$F_y = F_{1y} + F_{2y} = F_1\sin45^\circ + F_2\cos30^\circ = 100\sin45^\circ + 60\cos30^\circ = 123N$$

여기에서 다시 F_x와 F_y를 합성하면,

$$F = \sqrt{F_x^2 + F_y^2} = \sqrt{40.7^2 + 123^2} = 130N$$
$$\gamma = \tan^{-1}(\frac{F_y}{F_x}) = \tan^{-1}(\frac{123}{40.7}) = 71.7^\circ$$

CHAPTER 3

기본 개념과 정의

3.1 힘과 모멘트

3.1.1 자연에 존재하는 힘의 종류

우리가 살고 있는 자연은 망원경으로 볼 수 있는 은하처럼 큰 대상부터 현미경으로 관찰할 수 있는 세포처럼 작은 대상까지 다양하게 존재한다. 그러므로 크기에 따라 자연의 계층 구조를 구분하는 것은 자연을 이해하는 좋은 방법이다.

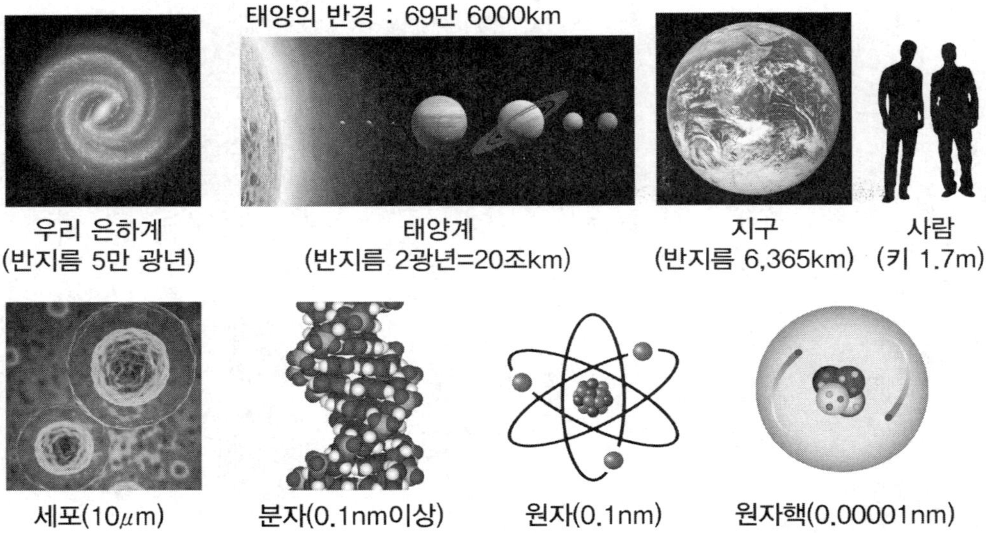

그림 3-1 자연의 계층 구조

우주에는 수많은 별들이 모인 은하계가 수없이 존재한다. 우리가 살고 있는 지구가 속한 은하계인 우리은하계의 반지름은 5만 광년 정도 되고, 태양계는 반지름 2광년 정도로 알려져 있다. 우리가 살고 있는 지구의 반지름은 6,365km이고 대부분의 사람들의 키는 2m를 넘지 않는다. 사람의 몸을 이루는 세포의 크기는 10㎛ 정도 되고, 분자는 0.1㎚ 이상의 크기이며, 원자핵의 크기는 0.00001㎚ 수준의 크기이다.

이렇게 크고 작은 대상들은 어떻게 자기 형상과 기능을 유지할까? 그것은 바로 우주에 존재하는 4개의 힘 때문이다. 그러면 지금부터 4개의 힘 각각에 대해 간단히 살펴보도록 하자.

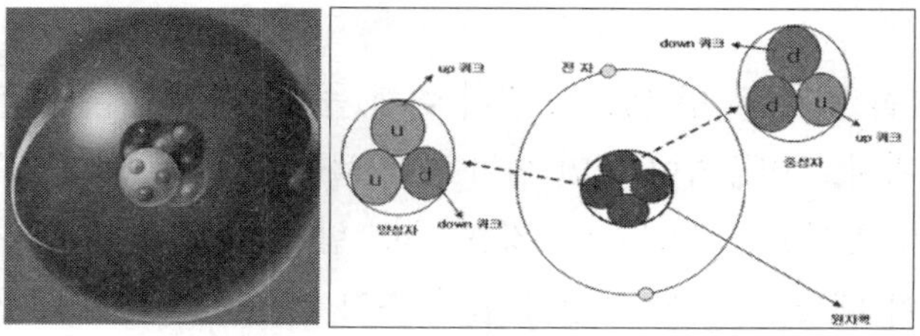

강력 : 양성자와 중성자 사이의 결합력(전자기력의 100배)

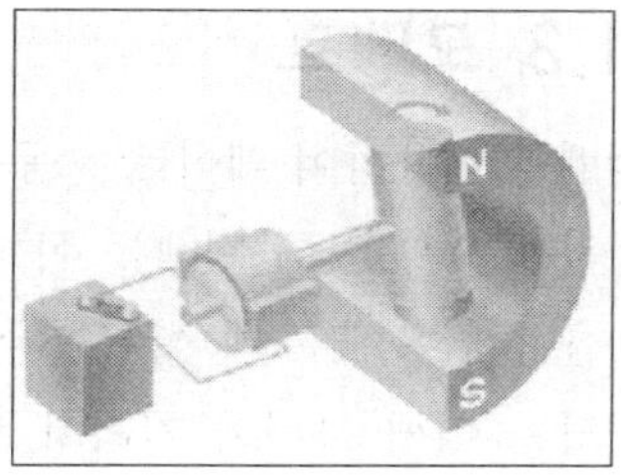

전자기력

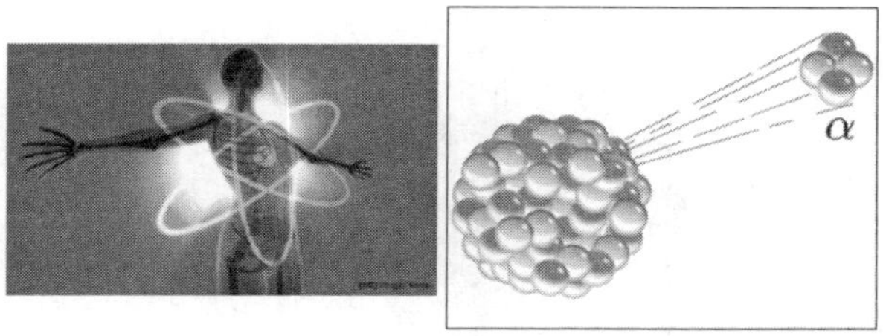

약력 : 원자핵 붕괴에서 나타나는 짧은 거리에서 작용하는 힘

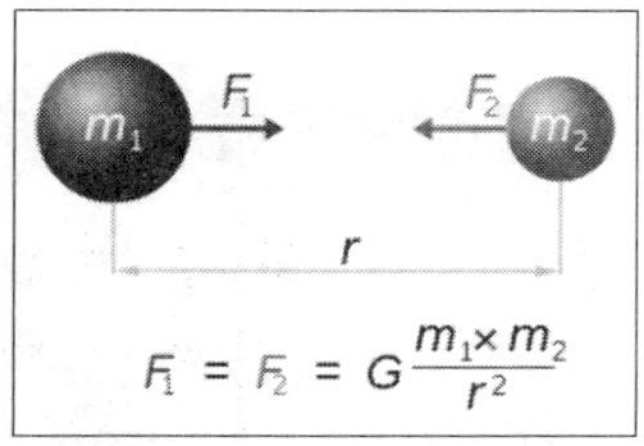

중력

그림 3-2 자연에서 발견되는 힘의 4가지 종류

가장 큰 힘은 원자핵을 구성하는 강력으로, 전자기력의 100배로 알려져 있다. 두 번째로 강한 힘은 전자기력이고, 세 번째로 강한 힘은 원자핵 붕괴에서 나오는 약력이다. 마지막으로 가장 약한 힘은 중력이며 별과 행성의 운동을 설명하는 중요한 힘이다.

3.1.2 역학에서 다루는 힘의 종류

기계공학에서 다루는 힘의 종류는 크게 체적력과 표면력으로 나눌 수 있다. 체적력은 물체의 덩어리 자체에서 나오는 힘으로 간단하게 중력이라고 말할 수 있다. 표면력은 5가지로 인장하중, 압축하중, 전단하중, 굽힘하중, 비틀림하중으로 나눌 수 있다.

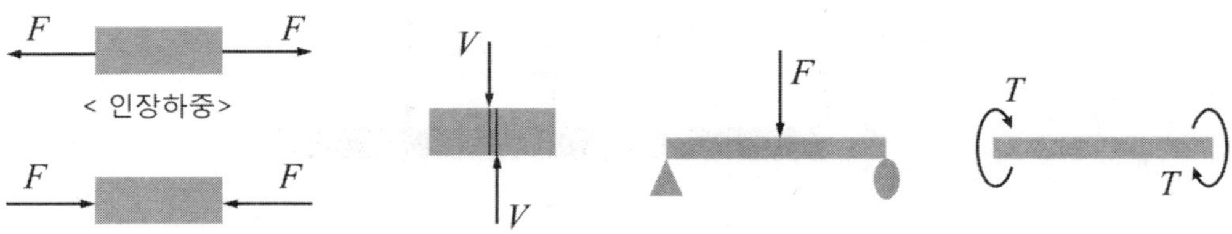

그림 3-3 표면력의 종류 5가지

인장하중(tensile load)은 물체를 당기는 힘이고, 압축하중(compressive load)은 물체를 누르는 힘이다. 전단하중(shearing load)은 물체를 자르는 힘이며, 굽힘하중(bending load)은 물체를 휘어지게 하는 힘이며, 비틀림하중(torsional load)은 물체를 회전시켜 비트는 힘이다.

3.1.3 모멘트

덤벨을 이용하여 웨이트 운동을 할 때 팔을 양 옆으로 벌려 어깨 높이로 들면 매우 힘들지만, 팔꿈치를 오므린 채 덤벨을 어깨 위치로 이동하여 들면 힘이 거의 들지 않는다. 동일한 무게의 덤벨을 들었음에도 왜 이런 차이가 발생하는 것일까? 그것은 바로 힘이 가해지는 덤벨과 힘을 지지하는 어깨 사이의 거리의 차이 때문이다. 이와 같이 힘과 수직 거리를 곱한 값을 모멘트(moment)라고 한다.

그림 3-4 모멘트에 대한 이해

덤벨을 이용한 웨이트 운동과 마찬가지로 시소를 탈 때에도 동일한 현상이 발생한다. 시소의 양 옆에 동일한 무게를 올리면 평형 상태를 유지할 것 같지만, 양쪽의 중심점으로부터의 거리가 다르면 시소는 회전하게 된다.

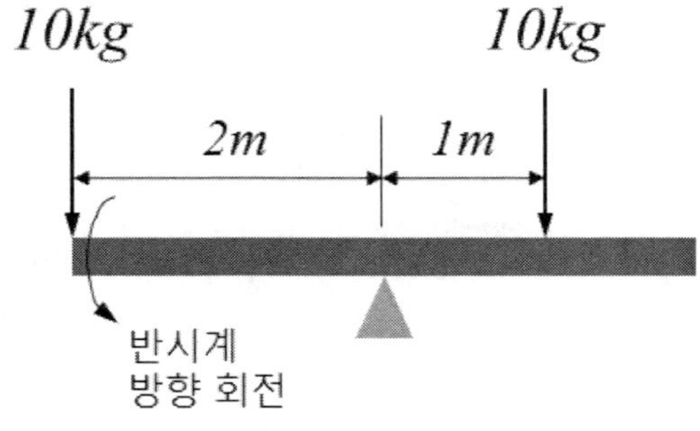

그림 3-5 시소와 모멘트

모멘트는 회전을 발생하는 힘이 하나이기 때문에 크기뿐 아니라 방향도 표시해야 하는데, 반시계 방향이 (+), 시계 방향이 (-)이다. 모멘트의 개념을 아래 그림과 같이 정리해 보았다.

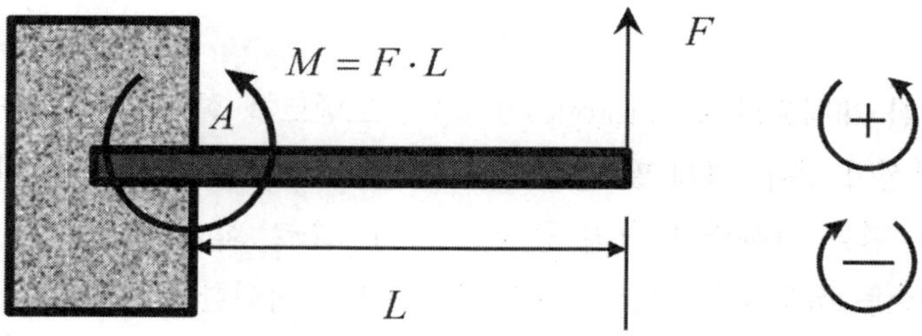

그림 3-6 모멘트의 크기와 방향

예제 1

아래 그림에서 고정점 A에 대한 모멘트의 크기를 기본단위로 구하라.

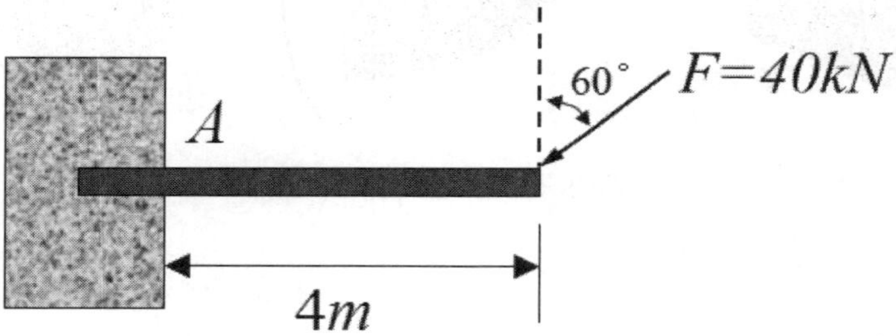

풀 이

경사진 힘을 분해하면 F_x는 모멘트를 발생시키지 않고 F_y만 모멘트를 발생시키므로,

$$M = F_y \times L = -40\cos 60° \times 10^3 \times 4 = -80kN \cdot m$$

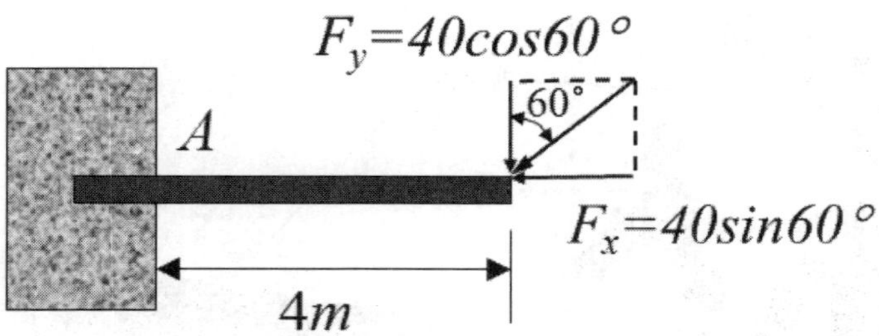

3.1.4 토크

모멘트와 비슷한 개념으로 토크(torque)가 있다. 모멘트가 휘어짐과 연관성이 있다면, 토크는 비틀림과 연관성이 있다. 다시 말해, 토크는 회전운동과 관련 있다. 물체의 외면에 반지름과 수직인 방향으로 힘을 가하면 도형의 중심점을 기준으로 회전 운동을 하고, 다른 쪽을 꽉 잡고 움직이지 않을 경우에는 비틀려 부러지게 된다. 이러한 힘이 바로 토크이며, 토크는 모든 회전하는 물체에 발생하는 힘이다.

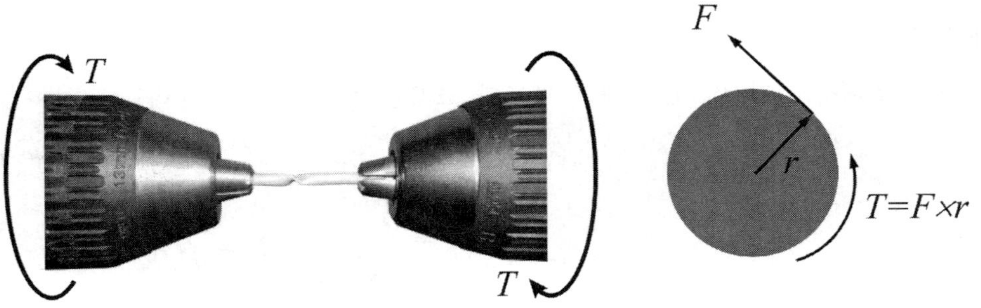

그림 3-7 토크에 대한 이해

3.2 구조물과 지지점의 종류

3.2.1 구조물의 종류

물체에 가해지는 힘의 종류에 따라 물체(구조물)의 이름이 정해진다. 물체를 당기는 힘, 즉 인장하중이 가해지는 구조물을 케이블(cable)이라고 한다. 케이블은 인장하중을 가하면 팽팽해지면서 인장하중을 지지하지만, 압축하중이 가해지면 힘을 지지하지 못하게 된다.

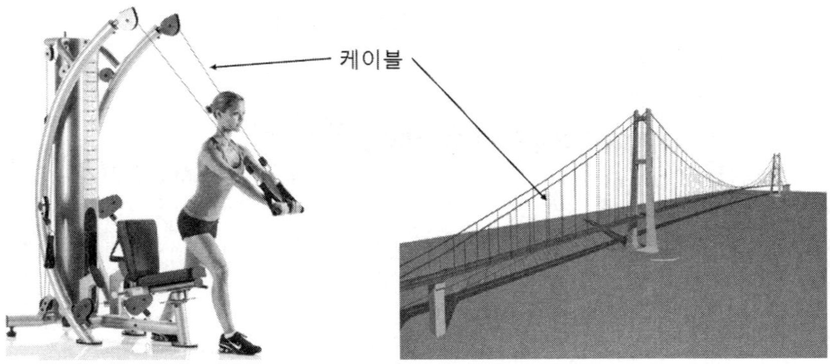

그림 3-8 인장하중 구조물: 케이블

이와 달리 물체를 누르는 힘, 즉 압축하중이 가해지는 구조물은 기둥(column)이라고 부른다. 기둥 구조물은 대부분 압축하중이 가해지면 힘을 잘 지지하는 구조로 되어있지만, 상황에 따라 인장하중을 가한다 해도 힘을 지지하지 못하는 것은 아니다. 하지만 압축하중이 가해지는 구조물을 기둥이라고 부르는 이유는 기둥이 사용되는 상황 자체가 주로 압축하중이 가해지는 상황이기 때문이다. 대표적인 것이 건물의 기둥이나 피아노의 다리이다.

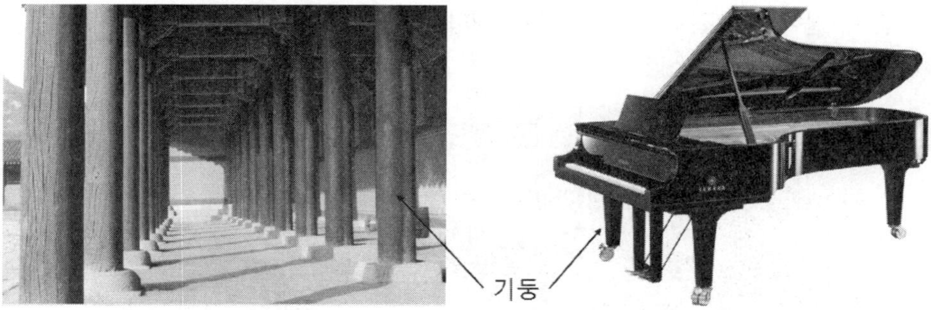

그림 3-9 압축하중 구조물: 기둥

구조물 중에는 인장하중과 압축하중을 모두 지지하는 것도 있는데 트러스(truss)라고 부른다. 트러스 구조물은 삼각형으로 구성된 기본 요소(unit)가 연속적으로 이어진 구조물이며 트러스를 구성하는 각각의 링크에는 인장하중 또는 압축하중만 가해진다. 외부에서 가해지는 하중은 핀을 통해 링크에 가해지며 각 링크에 가해지는 힘의 크기를 평형조건을 통해 계산할 수 있다.

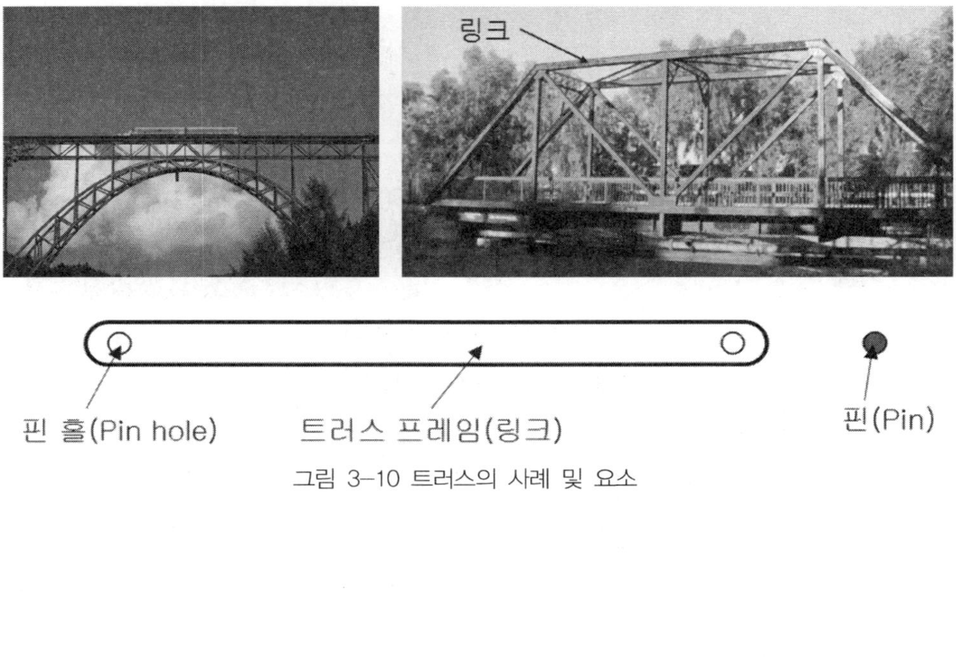

그림 3-10 트러스의 사례 및 요소

전단하중이 가해지는 구조물은 특별히 불리는 이름은 없지만, 일상생활에서 많이 발견할 수 있다. 전단구조물의 특징은 서로 반대 방향의 힘이 아주 가까운 거리에서 짝힘으로 작용한다는 점이다. 예를 들어 가위로 물건을 자르는 것은 가위를 이루는 두 개의 날이 서로 반대 방향으로 움직이면서 짝힘으로 작용하여 물건을 자르는 원리 때문이다. 옷걸이도 마찬가지인데, 접착제로 벽에 접착시킨 옷걸이에 옷을 걸면 중력에 의해 옷의 무게는 아래 방향으로 작용하고 벽은 반력으로 옷걸이의 접착제의 위 방향으로 작용한다. 이것이 지속되면 접착제로 붙인 부분이 떨어져 옷걸이가 고장 나게 된다.

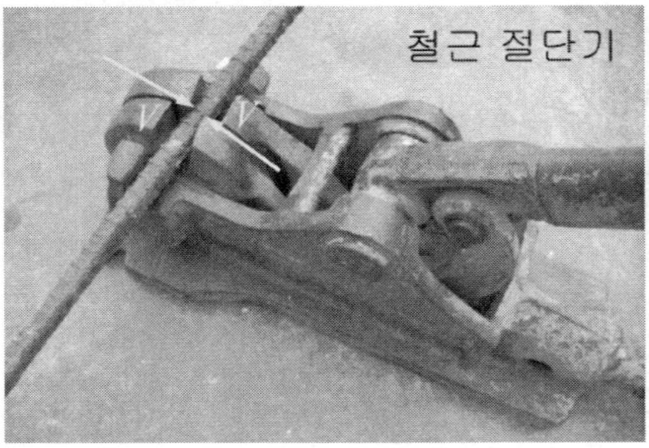

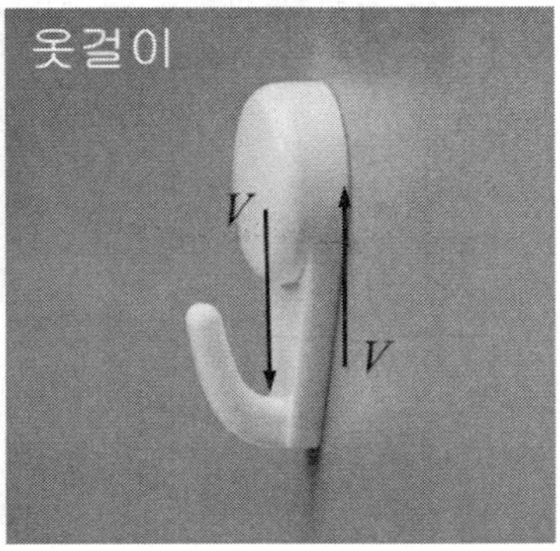

그림 3-11 전단하중 구조물

굽힘하중이 가해지는 구조물은 보(beam)라고 한다. 건설 현장에서 많이 사용하는 'I자 보'가 대표적이며, 교각도 보의 사례에 해당된다. 보를 정의할 때 가장 중요한 것은 가늘고 길어야 하며 외부에서 가해지는 힘의 방향은 보의 길이 방향에 수직 방향이어야 한다.

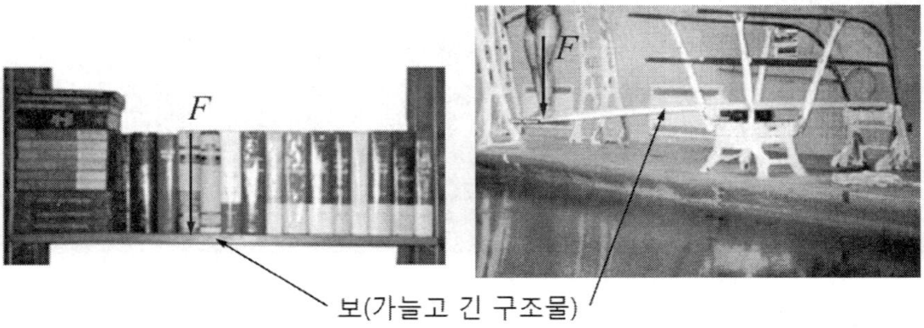

그림 3-12 굽힘하중 구조물: 보

비틀림하중이 가해지는 구조물은 축(shaft)이라고 한다. 자동차를 비롯하여 비행기, 선박, 자전거, 모터 등에 사용되는 회전 구조물이 축에 해당되며, 일부 정지 상태에서 비틀림하중을 지지하는 구조물도 있다.

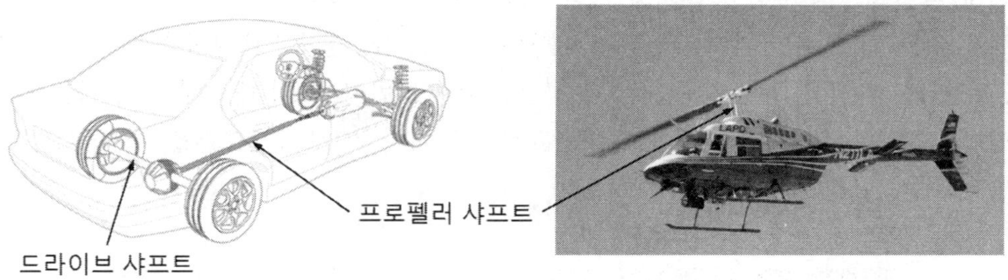

그림 3-13 비틀림하중 구조물: 축

3.2.2 지지점의 종류

재료역학에서 사용하는 지지점의 종류는 힌지, 롤러, 고정점으로 크게 세 가지 정도이다. 힌지는 x, y-방향으로 움직이지 못하기 때문에 해당 방향으로 지지점 반력이 발생하지만 자유롭게 회전되므로 회전에 대한 지지점 반력은 없다. 롤러는 y-방향으로 움직이지 못하기 때문에 해당 방향으로 지지점 반력이 발생하지만 x-방향으로 자유롭게 움직이고 회전도 자유롭게 되므로 x-방향과 회전에 대한 지지점 반력이 없다. 마지막으로 고정점은 x, y-방향으로 움직이지 못하고 회전도 할 수 없으므로 해당 방향에 대해 모두 지지점 반력이 발생한다.

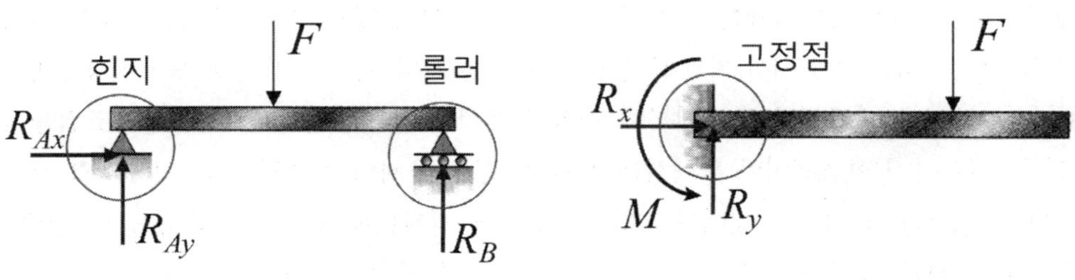

그림 3-14 지지점의 종류와 반력 표시법

3.3 자유물체도

자유물체도(Free Body Diagram, FBD)는 관심의 대상이 되는 물체에 가해지는 외력과 지지점 반력, 사이즈를 모두 표시한 것이다. 자유물체도를 그리고 나면 평형조건 등을 활용하여 지지점 반력을 비롯하여 알려지지 않은 힘을 계산할 수 있다.

자유물체도를 그리는 과정을 간단히 설명하면, 첫 번째, 관심의 대상이 되는 물체를 선정하고, 두 번째, 관심의 대상이 되는 물체를 그린 후, 세 번째, 관심 대상에 가해지는 체적력과 표면력을 그린다. 네 번째, 지지점 반력을 표시하고, 마지막으로 평형조건을 이용하여 알려지지 않은 미지의 힘을 계산한다.

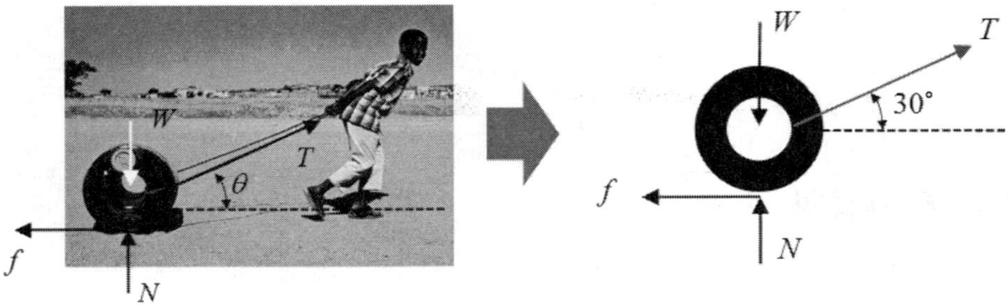

그림 3-15 자유물체도의 사례

3.4 평형조건

재료역학에서 다루는 문제는 관심의 대상이 움직이지 않는 정역학적인 문제의 하나이며, 정역학과 다른 점은 외부에서 가해진 힘으로 인해 물체의 내부에서 발생하는 현상을 다룬다는 점이다. 그러므로 재료역학 문제에서도 관심의 대상이 평형상태가 되므로 평형조건을 적용할 수 있다. 여기서 평형조건이란 평형상태(정지)에 있는 물체에 가해진 힘은 좌표계의 각 방향에 대하여 그 합이 0이 된다는 것이다. 그러므로 양단 지지보에 외력이 가해졌을 때 평형조건을 적용하여 문제를 해결하는 과정을 아래와 같이 표현할 수 있다.

평형조건:

$$\sum F_x = 0, \sum F_y = 0, \sum M = 0 \quad \text{(식 3-1)}$$

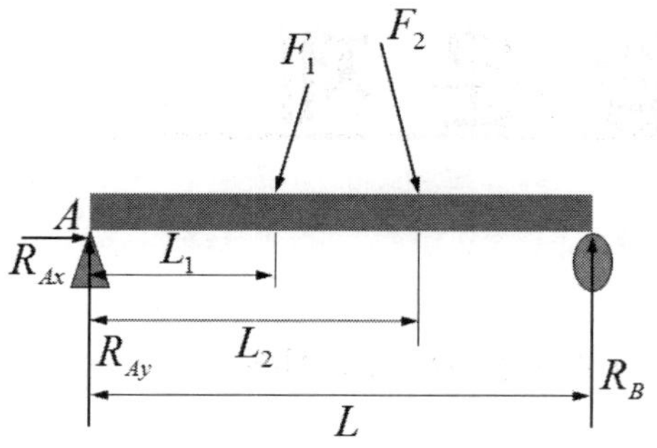

$$\sum F_x = 0 : F_{1x} + F_{2x} + R_{Ax} = 0$$
$$\sum F_y = 0 : F_{1y} + F_{2y} + R_{Ay} + R_B = 0$$
$$\sum M_A = 0 :$$
$$F_{1y} \times L_1 + F_{2y} \times L_2 + R_B \times L = 0$$

그림 3-16 평형조건 적용 사례

예제 2

아래의 그림과 같이 양단 지지보에 힘이 가해질 때 평형을 유지하기 위한 반력을 구하라.

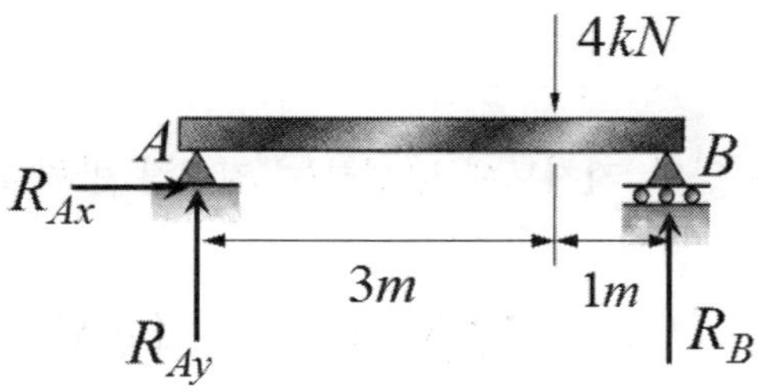

풀 이

자유물체도에서 평형조건을 적용하면 아래 식을 얻을 수 있다.

$$\sum F_x = 0 : R_{Ax} = 0$$
$$\sum F_y = 0 : R_{Ay} + R_B - 4 = 0$$
$$\sum M_A = 0 : R_B \times 4 - 4 \times 3 = 0$$

모멘트 평형식에서 R_B를 구한 후 y-방향 힘의 평형조건으로부터 R_{Ay}를 구할 수 있다.

$$R_{Ax} = 0$$
$$R_B = 3kN$$
$$R_{Ay} = 1kN$$

연 습 문 제

1. 아래 그림과 같은 외팔보에 발생하는 지지점 반력을 구하여라.

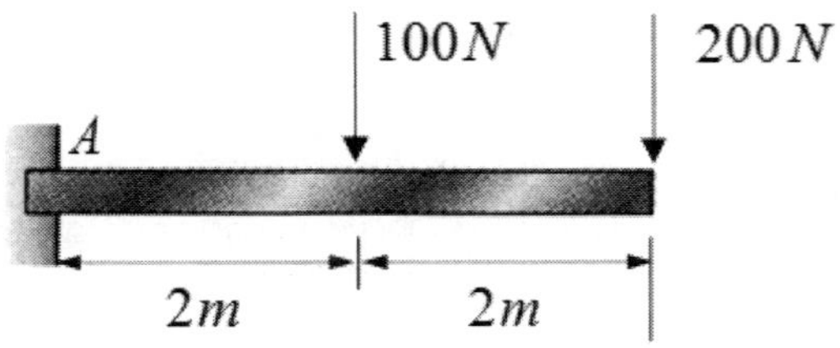

2. 아래 그림과 같은 양단 지지보에 발생하는 지지점 반력을 구하여라.

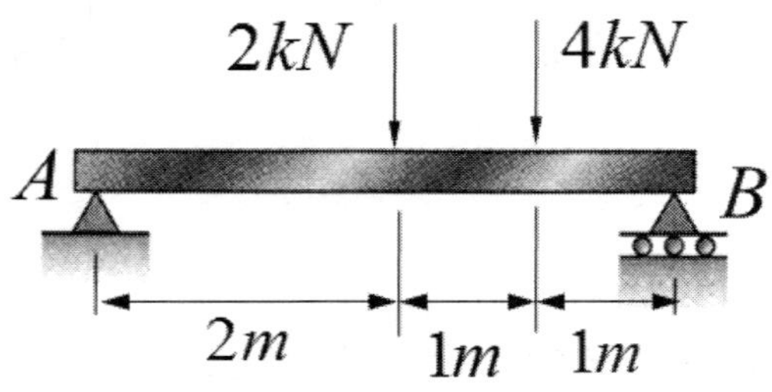

문 제 풀 이

1. 자유물체도를 그리기 위해 고정점 A에 대해 지지점 반력을 표시하면,

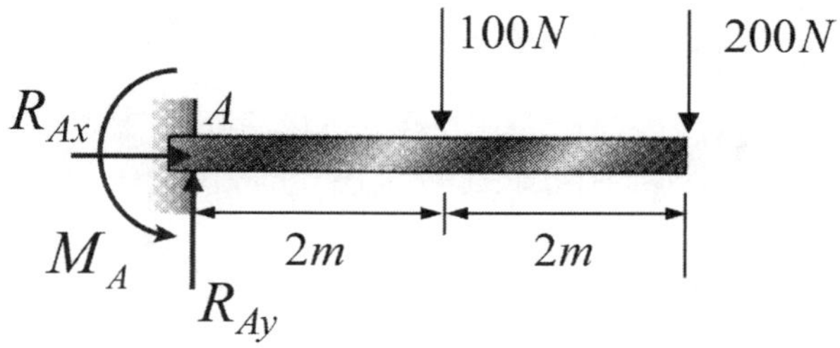

$$\sum F_x = 0 : R_{Ax} = 0$$
$$\sum F_y = 0 : R_{Ay} - 100 - 200 = 0$$
$$\sum M = 0 : M_A - 100 \times 2 - 200 \times 4 = 0$$
$$R_{Ax} = 0,\ R_{Ay} = 300N,\ M_A = 1kN \cdot m$$

2. 자유물체도를 그리기 위해 힌지 A와 롤러 B에 대해 지지점 반력을 표시하면,

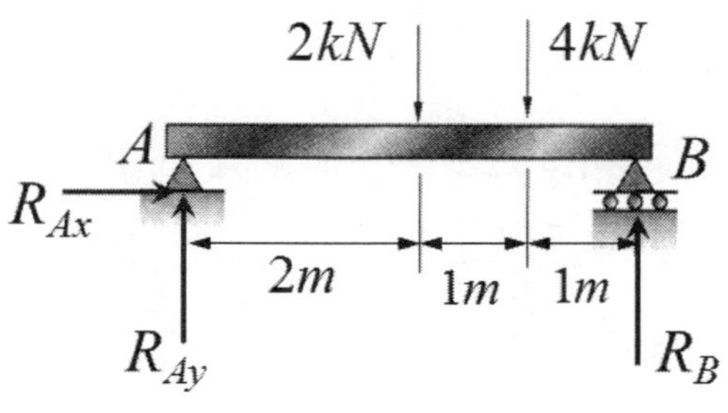

$$\sum F_x = 0 : R_{Ax} = 0$$
$$\sum F_y = 0 : R_{Ay} + R_B - 2 - 4 = 0$$
$$\sum M = 0 : R_B \times 4 - 2 \times 2 - 4 \times 3 = 0$$
$$R_{Ax} = 0,\ R_{Ay} = 2kN,\ R_B = 4kN$$

CHAPTER 4

응력과 변형율

4.1 재료의 종류

고체 재료의 종류는 크게 철금속, 비철금속, 세라믹, 고분자 재료, 복합재료 등으로 나눌 수 있다. 철금속은 철(Fe)가 들어간 재료로, 탄소(C)의 함량에 따라 다양한 철금속을 만들 수 있으며, 탄소 함량이 낮은 순으로 순철, 철강, 주철로 나눌 수 있다. 비철금속은 철이 들어가지 않는 금속재료로, 알루미늄, 구리, 마그네슘 등의 금속이 있고 서로 다른 금속 2개 이상을 합하여 좋은 성질을 얻는 합금도 있다.

그림 4-1 자동차에 사용되는 다양한 재료

세라믹 재료는 일반적으로 1개 또는 그 이상의 금속 원소와 비금속 원소의 조합으로 만들어지는 물질로, 비금속 원소에는 산소가 가장 많고 탄소와 질소도 있다. 대표적으로 알루미나(Al_2O_3), 지르코니아(ZrO_2), 탄화규소(SiC), 질화규소(Si_3N_4) 등이 있다. 이외에도 세라믹과 비슷한 재료로 콘크리트와 같은 무기재료, 단열재 및 보온재와 같은 내화재료, 금속의 표면을 연삭하는 연삭재료와 같은 소재도 있다.

고분자 재료는 크게 열경화성 플라스틱과 열가소성 플라스틱, 고무 등이 있다. 열경화성 플라스틱은 페놀 수지, 에폭시 수지, 멜라민 수지와 같이 고온이 되면 녹지 않고 타기 때문에 더 이상 사용할 수 없는 소재이다. 반면 열가소성 플라스틱은 고온에서 녹기 때문에 재성형이 가능한 것으로, PE, PP, PVC와 같은 범용 플라스틱과 나일론(PA), PC, PET와 같은 엔지니어링 플라스틱이 있다. 고무는 천연고무와 합성고무가 있으며, 합성고무는 CR, SBR, NBR, EPDM과 같은 다양한 종류가 있다.

4.2 재료시험법

재료의 물리적, 기계적 성질을 살펴보는 방법은 크게 두 가지가 있다.

첫 번째 방법은 재료의 구조를 미시적(micro)으로 관찰하는 방법으로, 다양한 종류의 현미경을 이용하여 관찰하는 방법이다. 미시적으로 관찰할 수 있는 현미경의 종류에는 광학현미경, SEM(주사전자현미경, Scanning Electron Microscope), TEM(투과전자현미경, Transmission Electron Microscope)와 같은 고배율 현미경이 있다. 현미경으로 관찰한 재료의 미시적 구조를 이용하여 기계공학에서 사용하는 물리적, 기계적 물성치를 얻는 노력은 그동안 많이 시도되어 왔지만, 아직까지 정확한 값을 얻기에 부족한 점이 있어 거시적(macro) 방법을 사용하여 물성치를 얻는 경우가 대부분이다.

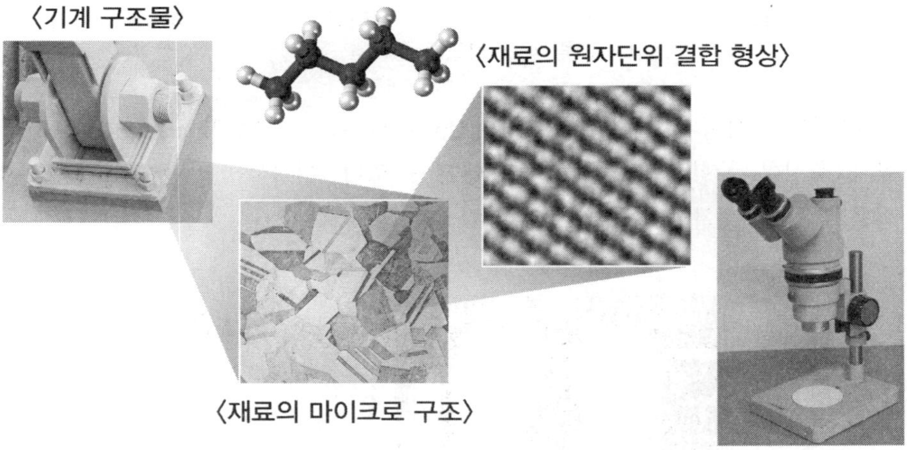

그림 4-2 재료를 미시적으로 관찰하는 방법

거시적 방법으로 얻을 수 있는 물리적, 기계적 물성치의 종류는 다양하다. 물리적 물성치는 열처리 등 외부 요인이 작용해도 크게 변하지 않는 물성치를 말하며, 탄성계수, 포와송비 등이 이에 속한다. 이에 비해 기계적 성질은 열처리 등에 의해 물성치를 크게 변화시킬 수 있는 것으로, 항복강도, 인장강도, 연신율 등이 이에 해당된다.

재료역학은 힘을 다루는 학문이므로 재료가 얼마나 큰 힘을 견딜 수 있는지 살펴보는 방법은 다양하게 존재하며, 대표적으로 경도 측정 방법과 강도 측정 방법이 있다. 재료의 재료역학적 특성을 살펴보기에 가장 좋은 방법은 강도 측정 방법이지만, 이 방법은 규격화된 시험편과 복잡한 시험방법 및 시험장비가 필요하므로 제품의 부품 단위에서 물성치를 얻기에는 쉽지 않다. 그래서 간단하게 시험할 수 있는 방법으로 경도 측정 방법을 사용한다. 경도 측정 방법은 제품을 이루고 있는 부분품의 물성치를 측정하기 위해 부품의 표면에 바늘을 눌러 얼마나 강한지 알아보는 시험이다. 그러므로 부품 단위에서도 시험이 가능하기에 재료의 특성을 알아보는 방법으로 많이 사용되고 있다. 경도 시험기의 종류도 다양하여 필요에 따라 선택하면 된다. 최근에는 제품에서 부품을 분리하여 시험할 필요 없이 제품에 결합된 부품에 대하여 경도 측정이 가능한 포터블 경도기도 출시되어 많이 사용되고 있다.

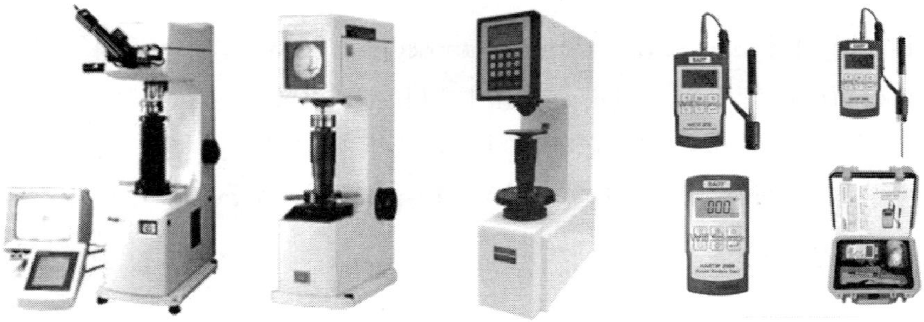

비커스 로크웰 브리넬 휴대용 경도기

그림 4-3 경도 측정기의 종류

강도를 측정하는 시험기의 대부분은 UTM(Universal Testing Machine, 만능재료시험기)으로 인장시험, 압축시험, 굽힘시험 등을 모두 수행할 수 있다. 여기서는 가장 대표적인 시험방법인 인장시험을 기준으로 설명해보겠다.

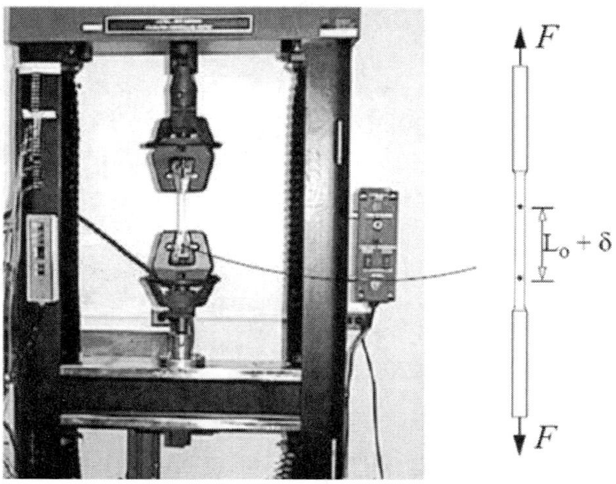

그림 4-4 인장시험기와 시험편의 사례

인장시험기는 힘을 가하는 부분과 늘어난 길이를 측정하는 부분으로 크게 나눌 수 있다. 힘을 크게 가하면 가할수록 더 많이 늘어나는 것은 당연하지만 늘어나는 양상은 다르다. 처음에는 늘어나는 힘의 크기에 비례하여 늘어나지만, 시간이 지날수록 힘을 적게 가해도 더 많이 늘어나게 된다. 다시 말해, 가해준 힘과 늘어난 길이의 곡선이 직선에서 곡선으로 변한다는 것이다. 이것은 마치 용수철에 힘을 주어 당기면 그 길이가 늘어나는 현상과 비슷하다.

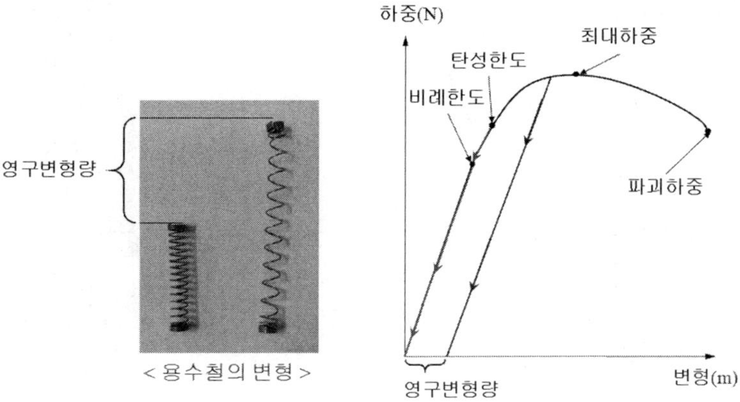

그림 4-5 힘-변형량 곡선에 대한 설명

처음 용수철의 길이 방향으로 힘을 주어 당기면 힘-변형량 곡선처럼 직선으로 변형한다. 이때 직선 구간의 마지막 점을 비례한도(proportional limit)라고 한다. 비례한도 이상으로 힘을 가하면 곡선 구간이 되는데, 곡선 구간 중에서 힘을 제거하면 처음 용수철의 길이로 다시 되돌아오는 최대점이 존재한다. 이 점이 탄성한도(elastic limit)이다. 비례한도 이하를 포함하여 탄성한도 이하에서 하중을 제거하면, 하중을 가할 때의 직선 및 곡선과 동일한 궤적을 그리면서 원래대로 돌아가 늘어난 길이가 전혀 발생하지 않는다. 그러나 탄성한도 이상 힘을 가한 후 다시 그 힘을 제거하면 힘을 가한 곡선을 따라 원래상태로 돌아가지 않고 비례한도 이하 직선구간의 기울기와 동일한 기울기를 가진 채 직선 형태로 힘이 제거되어 처음 길이로 되돌아가지 못하고 늘어난 길이가 발생한다. 이것을 영구변형량이라고 한다.

탄성한도 이상으로 계속 힘을 가하다 보면 하중의 크기가 최댓값을 나타낸 후 서서히 줄어들기 시작하는데 이때 최댓값을 최대하중(maximum load)이라고 한다. 최대하중점에 도달한 이후부터 하중은 작아지지만 늘어나는 길이는 급속히 증가하게 되며, 일정한 시간이 지나면 재료가 파손에 이르게 된다. 파손할 때 힘의 크기를 파손하중(fracture load)이라고 한다.

4.3 응력

인장시험을 하다보면 동일한 재료, 동일한 길이에 대해서 서로 다른 힘-변형량 곡선을 나타낸다는 것을 발견하게 된다. 그리고 재료의 종류와 길이가 동일하다 해도 단면적의 크기가 다르면 늘어나는 길이에 차이가 발생하는 것을 확인할 수 있다. 이와 같은 발견에 대하여 같은 재료의 시험편에 대해 가해준 힘의 크기를 단면적으로 나누어 주면 동일한 결과를 얻을 수 있다는 사실을 알 수 있다. 그러므로 힘의 크기를 단면적으로 나눈 것을 응력(stress, $N/m^2=Pa$)이라고 부르며, 단위는 파스칼(Pa)이다.

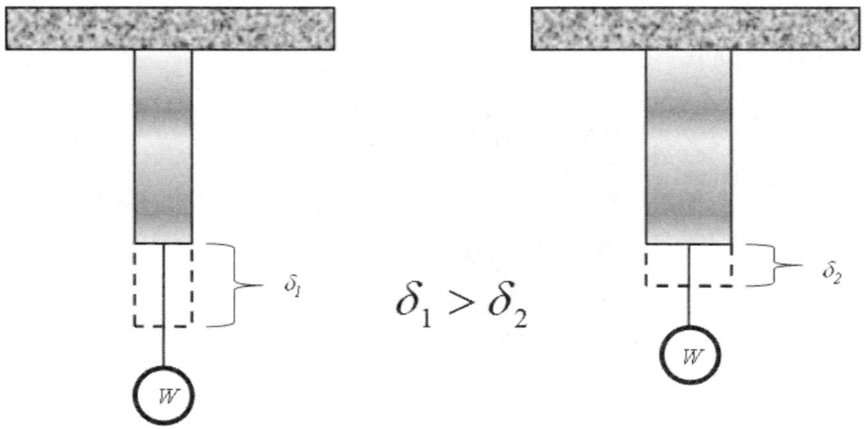

그림 4-6 응력 도입의 필요성

응력의 종류는 3가지로, 인장하중을 가할 때 재료의 내부에 발생하는 인장응력(tensile stress), 압축하중을 가할 때 재료의 내부에 발생하는 압축응력(compressive stress), 전단하중을 가할 때 재료의 내부에 발생하는 전단응력(shearing stress)이다. 그 중 인장응력과 압축응력을 합하여 수직응력(normal stress)이라고 한다. 수직응력은 면에 수직방향으로 가한 인장 및 압축하중에 대하여 재료 내부에서 면에 수직방향으로 발생하는 응력이다.

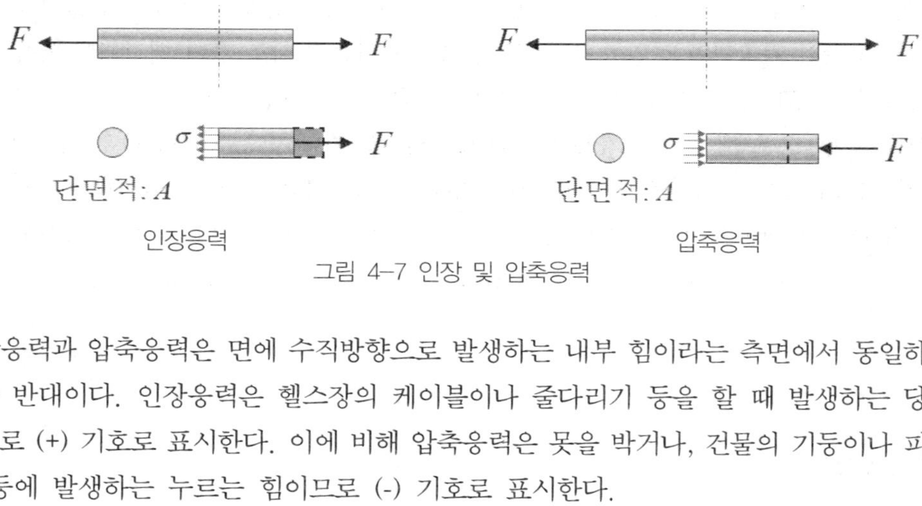

그림 4-7 인장 및 압축응력

인장응력과 압축응력은 면에 수직방향으로 발생하는 내부 힘이라는 측면에서 동일하지만 부호는 반대이다. 인장응력은 헬스장의 케이블이나 줄다리기 등을 할 때 발생하는 당기는 힘이므로 (+) 기호로 표시한다. 이에 비해 압축응력은 못을 박거나, 건물의 기둥이나 피아노 다리 등에 발생하는 누르는 힘이므로 (-) 기호로 표시한다.

$$\sigma(\text{인장응력}) = \frac{F}{A} \qquad \text{(식 4-1)}$$
$$\sigma(\text{압축응력}) = -\frac{F}{A}$$

예제 1

아래 그림과 같이 직경 20cm의 봉에 600kN의 인장하중이 발생하고 있다. 이때 봉의 단면에 발생하는 인장응력을 구하라.

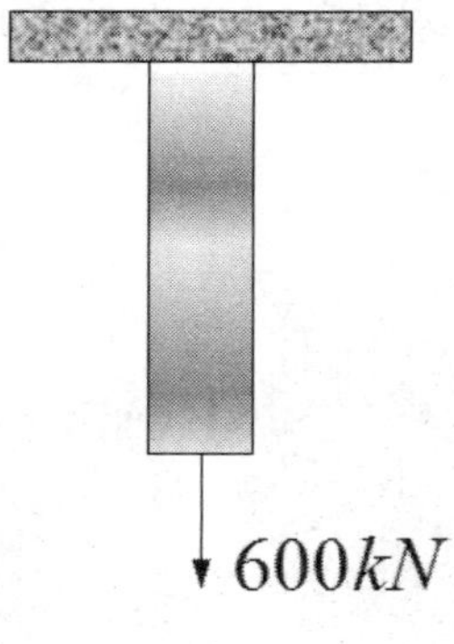

풀 이

외부에서 가해진 힘의 종류가 인장하중이므로,

$$\sigma = \frac{F}{A} = \frac{F}{\frac{\pi}{4}d^2} = \frac{600 \times 10^3}{\frac{\pi}{4} \times 0.2^2} = 19.1MPa$$

이에 비하여 전단응력은 가위로 종이를 자르거나 칼로 과일을 자르듯이 물체를 자를 때 발생하는 응력이라고 보면 된다.

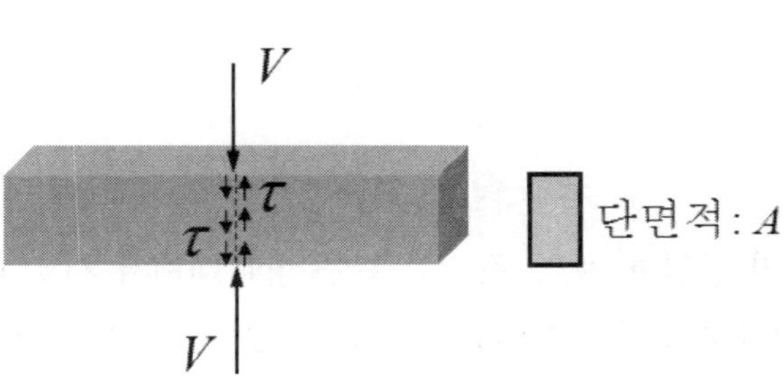

전단하중과 전단응력

전단응력은 면에 수평방향으로 발생하는 내부 힘이다. 전단응력도 부호의 방향이 있지만 이에 대한 설명은 나중에 할 것이다.

$$\tau(\text{전단응력}) = \frac{V}{A} \qquad \text{(식 4-2)}$$

예제 2

아래 그림과 같이 직경이 2cm인 철근을 자르기 위해 1kN의 전단하중을 가했을 때 철근에 발생하는 전단응력을 구하라.

풀 이

외부에서 가해진 힘의 종류가 전단하중이므로,

$$\tau = \frac{V}{A} = \frac{V}{\frac{\pi}{4}d^2} = \frac{1\times10^3}{\frac{\pi}{4}\times0.02^2} = 3.18MPa$$

4.4 변형율

인장시험을 하다보면 동일한 재료, 동일한 단면적에 대해서 서로 다른 힘-변형량 곡선을 나타낸다는 것을 발견하게 된다. 그 이유는 재료의 종류와 단면적이 동일하다 해도 재료의 길이가 다르면 늘어나는 길이에 차이가 발생하기 때문이다. 따라서 같은 재료의 시험편에 대해 늘어난 길이를 초기 길이로 나누어 주면 동일한 결과를 얻을 수 있다는 사실을 알게 되었다. 그러므로 늘어난 길이를 초기 길이로 나눈 것을 변형율(strain, 무차원 단위)이라고 부른다.

인장변형율(tensile strain)과 압축변형율(compressive strain)은 면에 수직방향으로 발생하는 변형율이라는 측면에서 동일하지만 부호는 반대이다. 인장변형율은 인장응력과 동일하게 당기는 힘에 의해 발생하는 변형율이므로 (+) 기호로 표시한다. 압축변형율 역시 압축응력과 같이 압축하중에 의해 눌리는 변형율로 나타나므로 (-) 기호로 표시한다.

$$\epsilon(\text{인장변형율}) = \frac{\delta}{L}$$ (식 4-3)

$$\epsilon(\text{압축변형율}) = -\frac{\delta}{L}$$

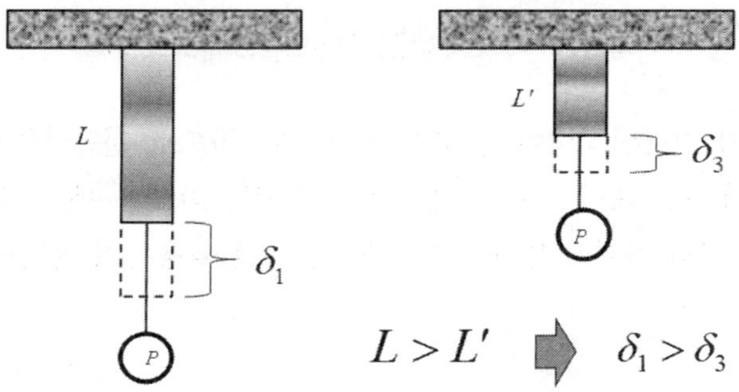

그림 4-8 변형율 도입의 필요성

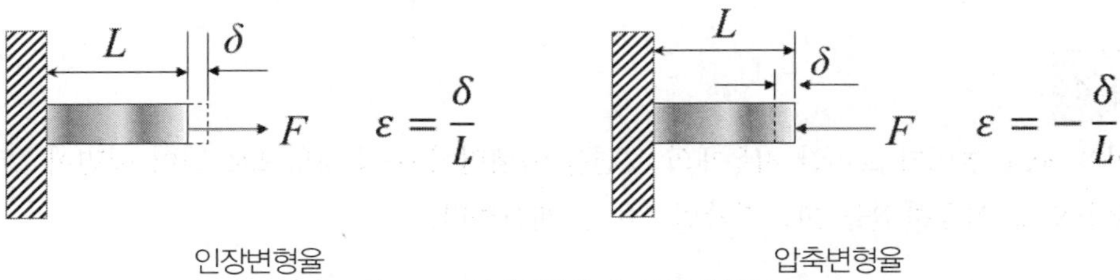

그림 4-9 인장변형율과 압축변형율

예제 3

20cm 길이의 봉에 압축하중을 가하여 40㎛의 압축 변형량이 발생하였다면 압축변형율은 얼마인지 계산하라.

풀 이

압축하중에 의해 발생한 변형율이므로,

$$\epsilon = -\frac{\delta}{L} = \frac{40\times10^{-6}}{20\times10^{-2}} = 2\times10^{-6-(-2)} = 200\times10^{-6}$$

이에 비하여 전단변형율은 전단응력처럼 물체를 자를 때 발생하는 변형율이다. 전단변형율은 전단하중이 가해지는 방향으로 발생하며 이때 발생하는 변형량을 전단변형량이라고 한다.

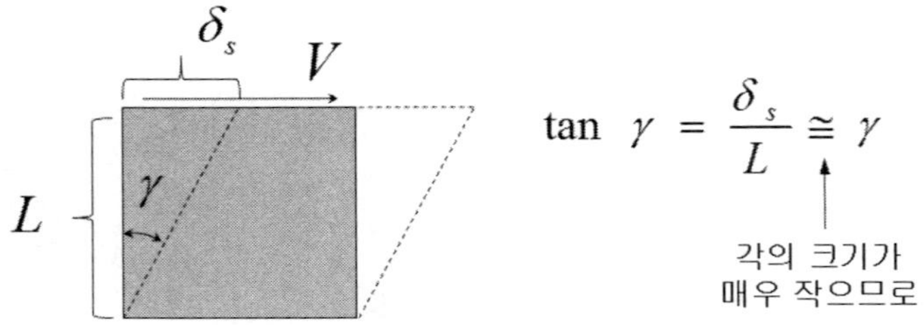

그림 4-10 전단하중, 전단변형량, 전단변형율

전단하중이 가해져 전단변형량이 발생함으로써 결과적으로 전단변형율이 발생하게 되는데 전단변형율은 tan 함수로 표시된다. 이때 전단변형되는 각도가 매우 작을 경우, tan 함수와 각도(rad) 사이에는 거의 차이가 발생하지 않는다. 이를 활용하여 전단변형율을 구하면, 아래 식과 같다.

$$\gamma = \frac{\delta_s}{L} \qquad \text{(식 4-4)}$$

예제 4

길이가 5cm, 높이가 2cm인 지우개의 윗면을 아랫면에 수평 방향으로 밀어 윗면이 3mm만큼 수평방향으로 이동하였을 때, 전단변형율을 계산하라.

풀 이

문제의 내용을 정리하여 그림을 그려보면 아래 그림과 같다.

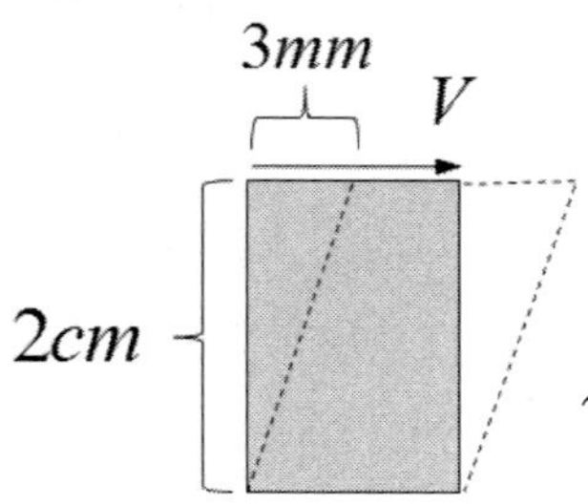

$$\gamma = \frac{\delta_s}{L} = \frac{3\times10^{-3}}{2\times10^{-2}} = \frac{3}{2}\times10^{-3-(-2)} = 150\times10^{-3}$$

연 습 문 제

1. 아래 그림과 같이 외경 40cm, 내경 30cm, 길이 10m의 중공축에 600kN의 압축하중을 가하여 2mm의 변형이 발생하였다면, 이때 발생하는 압축응력과 변형율을 구하라.

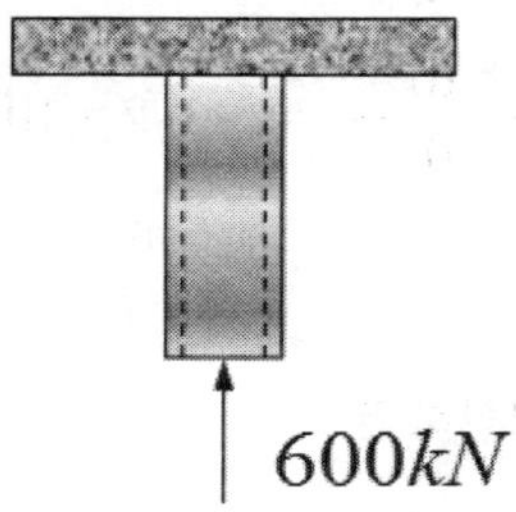

2. 아래 그림과 같이 지름 20mm, 높이 1m의 원기둥이 전단하중 10kN을 받아 γ = 0.0012(rad)의 전단변형율이 발생했다면, 재료의 전단응력과 전단변형량은 얼마인지 계산하라.

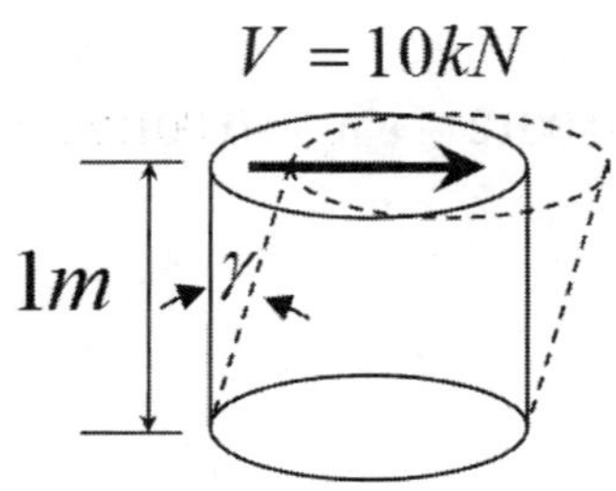

문 제 풀 이

1. 주어진 조건을 이용하여 계산하면,

$$\sigma = \frac{F}{A} = \frac{F}{\frac{\pi}{4}(d_1^2 - d_2^2)} = \frac{600 \times 10^3}{\frac{\pi}{4}(0.4^2 - 0.3^2)} = 10.9MPa$$

$$\epsilon = -\frac{\delta}{L} = -\frac{2 \times 10^{-3}}{10} = -0.2 \times 10^{-3} = -200 \times 10^{-6}$$

2. 주어진 조건을 이용하여 계산하면,

$$\tau = \frac{V}{A} = \frac{V}{\frac{\pi}{4}d^2} = \frac{10 \times 10^3}{\frac{\pi}{4} \times 0.02^2} = 31.8MPa$$

$$\gamma \cong \tan\gamma = \frac{\delta_s}{L} = 0.0012$$

위에서 길이가 1m이므로 전단변형량은,

$$\frac{\delta_s}{1} = 0.0012 \rightarrow \delta_s = 0.0012m = 1.2mm$$

CHAPTER

5

응력-변형율 곡선

5.1 응력-변형율 곡선

하중-변형량 곡선에 대하여 단면적과 길이의 영향을 받지 않는 재료의 특성 곡선을 그리기 위해 하중 대신 응력, 변형량 대신 변형율을 도입하여 응력-변형율 곡선을 그리면 특정 재료의 특성을 쉽게 판단할 수 있다. 응력-변형율 곡선은 동일한 재료에 대하여 단면적이나 길이, 시험편 형상이 달라도 동일한 곡선을 얻을 수 있기 때문에 재료의 특성 분석에 용이하다.

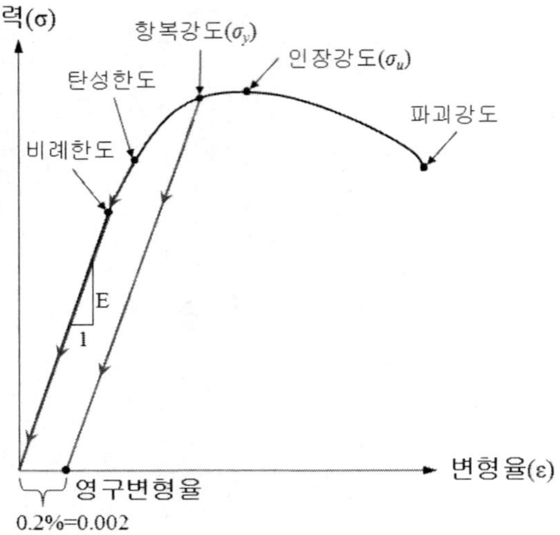

그림 5-1 응력-변형율 곡선

응력-변형율 곡선은 여러 가지 물리적, 기계적 물성치를 얻을 수 있다. 물리적 물성치로는 재료의 탄성계수를 얻을 수 있는데, 이는 비례한도 이하의 직선의 기울기에 해당된다. 기계적 물성치로는 비례한도, 탄성한도, 항복강도, 인장강도, 파괴강도를 얻을 수 있다.

힘-변형량 곡선과 유사하게 응력-변형율 곡선에서 직선 구간의 마지막 점을 비례한도(proportional limit)라고 한다. 비례한도 이상으로 힘을 가하면 곡선 구간이 되는데, 곡선 구간 중에서 힘을 제거하면 처음 시험편의 길이로 다시 되돌아오는 최대응력 점이 존재한다. 이 점을 탄성한도(elastic limit)라고 한다. 비례한도 이하를 포함하여 탄성한도 이하에서 하중을 제거하면 하중을 가할 때의 직선 및 곡선과 동일한 궤적을 그리면서 원래대로 돌아가 늘어난 길이가 전혀 발생하지 않는다. 그러나 탄성한도 이상으로 힘을 가한 후 다시 그 힘을 제거하면 힘을 가한 응력-변형율 곡선을 따라 원래상태로 돌아가지 않고, 비례한도 이하 직선구간의 기울기와 동일한 기울기를 가진 채 직선 형태로 힘이 제거되어 처음 변형율로 되돌아가지 못하는 변형율이 발생한다. 이것을 영구변형율이라고 한다.

탄성한도에서 좀 더 큰 힘을 가하다 보면 재료로서의 자기 기능을 더 이상 발휘하기 어려운 점에 도착하는데, 그 점을 항복강도(yield strength)라고 하며 일반적으로 0.2% 영구변형율이 발생하는 위치를 말한다. 여기에서 더 큰 힘을 가하다 보면 응력의 크기가 최댓값을 나타낸 후 서서히 줄어들기 시작하는데 이때 최댓값을 인장강도(ultimate strength)라고 한다. 응력의 최대점인 인장강도에 도달한 이후부터 응력의 크기는 작아지지만 변형율의 크기는 급속히 증가하게 되며, 일정한 시간이 지나면 재료가 파손에 이르게 된다. 파손할 때 응력의 크기를 파손응력(fracture stress)이라고 한다.

제품을 설계할 때 재료의 종류를 선정한 후 파손 가능성을 예측하여 제품의 사이즈를 결정하는 과정을 설계라고 하는데, 이때 파손 가능성을 예측하는 데 사용하는 기계적 물성치로 항복강도 또는 인장강도를 사용한다. 그러므로 다양한 재료의 대표적인 물성치로 항복강도와 인장강도에 대한 자료를 제공하는 경우가 많다(부록 A 참조).

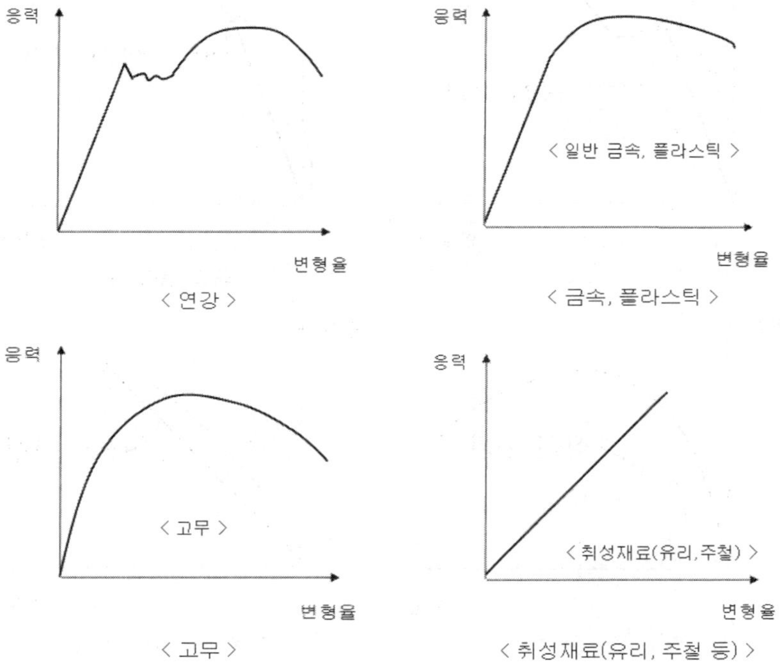

그림 5-2 재료의 응력-변형율 곡선

다양한 재료의 응력-변형율 곡선을 그 특성에 따라 분류하면 크게 네 가지로 정리할 수 있다. 항복점이 두 개 발생하는 연강은 다른 재료와 다른 독특한 모양을 나타내고, 일반적인 금속 및 플라스틱이 나타내는 곡선, 직선 구간이 짧은 고무, 직선 구간이 대부분이어서 곡선 구간이 거의 없는 취성재료의 곡선이다. 연강, 대부분의 금속, 플라스틱의 곡선 형태를 나타내는 재료는 연성재료라고 부르고, 유리, 주철, 세라믹과 같은 재료가 나타내는 직선형 응력-변형율 곡선 재료를 취성재료라고 한다.

5.2 후크의 법칙

5.2.1 인장 및 압축하중 상태

다양한 종류의 응력-변형율 곡선을 관찰하다보면 모든 곡선에 공통적으로 직선 구간이 존재한다는 것을 알 수 있다. 제품을 설계할 때 하중이 크게 작용하도록 설계하기보다는 안전하게 설계하기 때문에 응력-변형율 곡선의 직선 구간이 중요한 역할을 차지한다. 곡선의 직선 구간 내의 응력을 고려하여 설계하면 제품이 안전한 상태로 사용될 수 있기 때문이다. 그러므로 곡선 내 직선 구간을 좀 더 자세히 살펴볼 필요성이 있다.

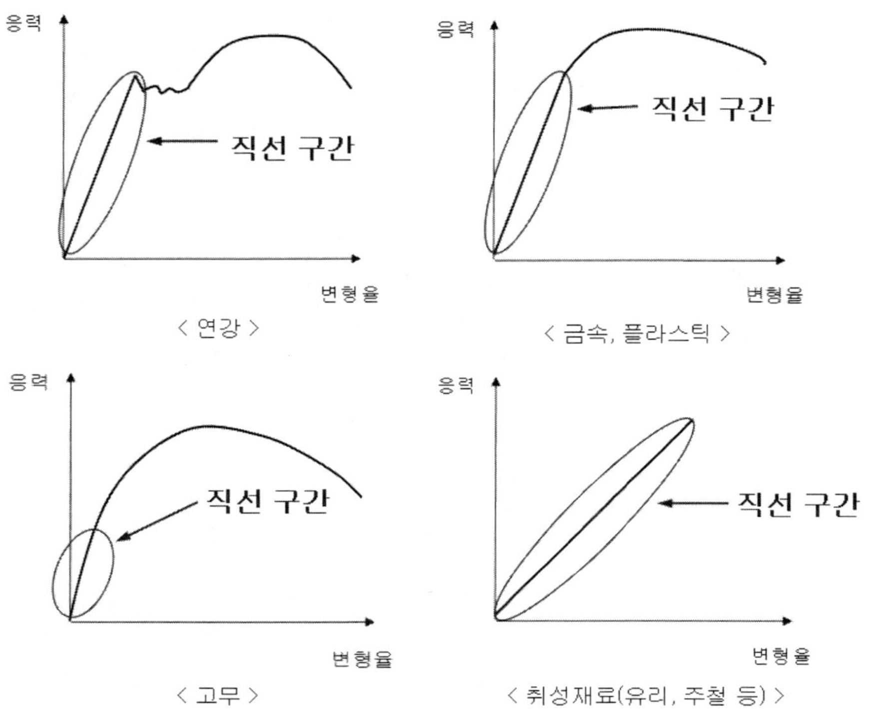

그림 5-3 응력-변형율 곡선과 직선 구간

인장 및 압축하중에 대하여 응력-변형율 곡선의 직선 구간을 1차 함수(y=ax+b)의 방정식으로 표현하면 y절편이 0이기 때문에 다음과 같다.

$$\sigma = E \times \epsilon \qquad \text{(식 5-1)}$$

여기서 **σ**(시그마)는 응력으로 y축에, **ε**(엡실론)은 변형율로 x축에, E는 탄성계수로 직선의 기울기인 a에 해당된다. 탄성계수는 재료의 물리적 성질이며, 열처리 등에 의해 변화하지 않는 물성치로 재료의 고유 특성이다. 대표적으로 철강은 207GPa, 알루미늄은 72GPa이며 철강과 알루미늄의 탄성계수는 암기하여 기억할 필요가 있다. 응력-변형율 곡선 중 직선 구간에 대해 직선 방정식으로 표현되는 것을 후크의 법칙이라고 한다. 후크의 법칙을 자세히 살펴보면 후크의 법칙이 응력과 변형율을 연결해주는 식이라는 것을 알 수 있다. 참고로 응력식과 변형율 식은 응력-변형율 곡선의 모든 구간에 대해 만족하는 수식이지만 후크의 법칙은 비례한도 아래 직선 구간에만 적용되는 식이라는 점을 유념해야 할 것이다.

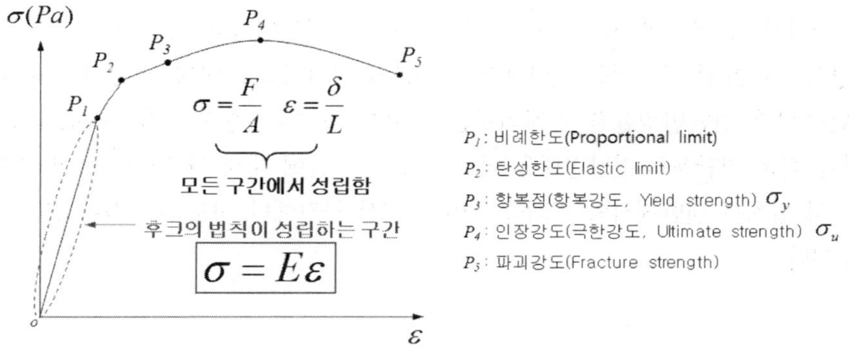

그림 5-4 후크의 법칙이 적용되는 구간

후크의 법칙을 이용하면 응력식과 변형율식을 응용하여 아래와 같이 계산에 편리한 형태의 식을 유도할 수 있다.

$$\sigma = E\times\epsilon \rightarrow \frac{F}{A} = E\times\frac{\delta}{L} \rightarrow \delta = \frac{FL}{AE} \qquad \text{(식 5-2)}$$

예제 1

길이 2m, 직경 30mm인 균일한 원형 강봉에 1ton의 힘이 가해질 때, 늘어난 길이와 응력, 변형율을 구하시오.

풀 이

$$\sigma = \frac{F}{A} = \frac{F}{\frac{\pi}{4}d^2} = \frac{1000\times 9.81}{\frac{\pi}{4}\times 0.03^2} = 13.9MPa$$

$$\sigma = E\times\epsilon \rightarrow \epsilon = \frac{\sigma}{E} = \frac{13.9\times 10^6}{207\times 10^9} = 67.1\times 10^{-6}$$

$$\epsilon = \frac{\delta}{L} \rightarrow \delta = \epsilon\times L = 67.1\times 10^{-6}\times 2 = 134\mu m$$

5.2.2 전단하중 상태

전단하중에 대하여 응력-변형율 곡선의 직선 구간을 표현하면 다음과 같다.

$$\tau = G \times \gamma \qquad \text{(식 5-3)}$$

여기서 τ(타우)는 응력으로 y축에, γ(감마)는 변형율로 x축에 해당되며, G는 전단탄성계수로 직선의 기울기에 해당된다. 전단탄성계수는 재료의 물리적 성질이며 열처리 등에 의해 변화하지 않는 물성치로, 재료의 고유 특성이다. 전단응력-전단변형율 곡선 중 직선 구간에 대해 직선 방정식으로 표현되는 것을 전단에서의 후크의 법칙이라고 한다. 전단에서의 후크의 법칙 역시 전단응력과 전단변형율을 연결해주는 식이다. 인장/압축과 마찬가지로 전단응력 식과 전단변형율 식은 전단응력-전단변형율 곡선의 모든 구간에 대해 만족하는 수식이지만, 전단에서의 후크의 법칙은 전단에서의 비례한도 아래 직선 구간에만 적용되는 식이라는 점을 유념해야 할 것이다.

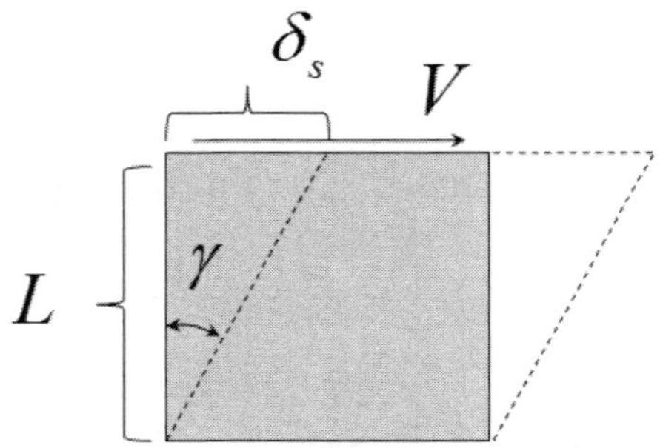

그림 5-5 전단변형율

전단에서의 후크의 법칙을 이용하면 전단응력 식과 전단변형율 식을 응용하여 아래와 같이 계산에 편리한 형태의 식을 유도할 수 있다.

$$\tau = G \times \gamma \rightarrow \frac{V}{A} = G \times \frac{\delta_s}{L} \rightarrow \delta_s = \frac{VL}{AG} \qquad \text{(식 5-4)}$$

예제 2

바닥에 단단히 고정된 높이 5cm, 직경 20mm인 균일한 원형 알루미늄 봉에 대해 단면에 수평방향으로 1ton의 힘이 가해질 때, 수평방향 전단변형량과 전단응력, 전단변형율을 구하시오. (단, 알루미늄의 전단탄성계수는 27.1GPa이라고 한다.)

풀 이

$$\tau = \frac{V}{A} = \frac{V}{\frac{\pi}{4}d^2} = \frac{1000 \times 9.81}{\frac{\pi}{4} \times 0.02^2} = 31.2MPa$$

$$\tau = G \times \gamma \rightarrow \gamma = \frac{\tau}{G} = \frac{31.2 \times 10^6}{27.1 \times 10^9} = 1.15 \times 10^{-3}$$

$$\gamma = \frac{\delta_s}{L} \rightarrow \delta_s = \gamma \times L = 1.15 \times 10^{-3} \times 5 \times 10^{-2} = 57.5\mu m$$

5.3 포와송비

재료에 인장하중을 가하면 당기는 방향으로 늘어나면서 동시에 수직 방향으로는 줄어들게 된다. 반대로 재료에 압축하중을 가하면 누르는 방향으로는 줄어들지만 수직방향으로는 늘어나게 된다. 이러한 효과를 나타내는 물리적 물성치로 포와송비(Poisson's ratio)가 사용된다. 물리적 현상을 정리하여 설명하면, 재료에 인장하중을 가하면 힘의 방향으로 늘어나지만 수직방향으로는 수축이 발생하는데, 포와송비는 이때 발생하는 인장과 압축의 비율을 말한다.

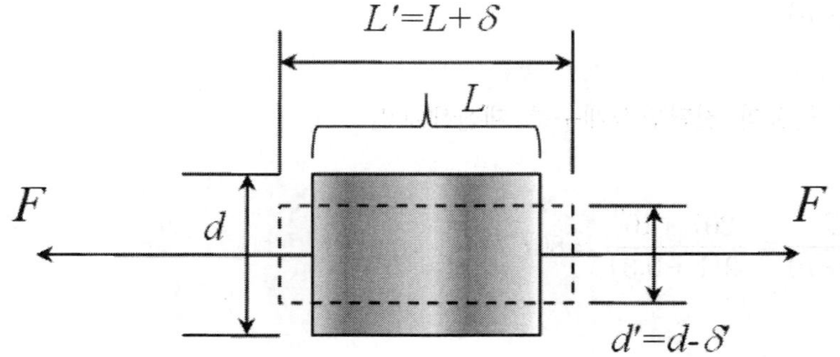

그림 5-6 포와송비에 대한 설명

위에서 나타낸 포와송비에 대한 설명 그림을 고려하면 아래와 같이 인장과 압축의 비율을 반영한 포와송비의 정의식을 이용하여 실제적인 수식으로 유도할 수 있다.

$$\epsilon = \frac{\delta}{L}, \ \epsilon' = -\frac{\delta'}{d}$$

$$\nu = \left| \frac{\epsilon'}{\epsilon} \right| = \left| \frac{-\frac{\delta'}{d}}{\frac{\delta}{L}} \right| = \frac{L\delta'}{d\delta} \quad \text{(식 5-5)}$$

포와송비의 정의를 생각해보면, 당기는 방향은 1개 방향이지만 수축되는 방향은 2개 방향이기 때문에 일반적인 포와송비의 범위는 아래와 같다.

$$0 \leq \nu \leq 0.5 \quad \text{(식 5-6)}$$

우리가 많이 사용하는 대표적인 재료의 포와송비를 살펴보면, 철강의 포와송비는 0.3, 알루미늄의 포와송비는 0.33으로 알려져 있으며, 철강과 알루미늄의 포와송비는 암기하여 기억할 필요가 있다. 포와송비의 정의를 고려할 때 특별한 포와송비 값을 보이는 특수 재료의 수치를 살펴보면, 코르크의 포와송비는 0, 비압축성 물질의 포와송비는 0.5이다.

인장하중을 가할 때 힘의 방향으로는 늘어나지만 수직 방향으로는 수축이 발생한다는 포와송비의 정의를 고려해볼 때 아래와 같이 포와송비는 탄성계수와 전단탄성계수의 관계를 나타내는 데 사용할 수 있다.

$$G = \frac{E}{2(1+\nu)} \quad \text{(식 5-7)}$$

예를 들어 철강의 전단탄성계수를 계산해보면,

$$G = \frac{E}{2(1+\nu)} = \frac{207 \times 10^9}{2(1+0.3)} \cong 80\,GPa$$

예제 3

지름 30mm의 펀치로 두께 10mm의 철판에 구멍을 뚫으려 한다. 철판의 전단 강도를 350MPa이라고 할 때, 펀치력과 펀치에 발생하는 수직응력을 구하여라.

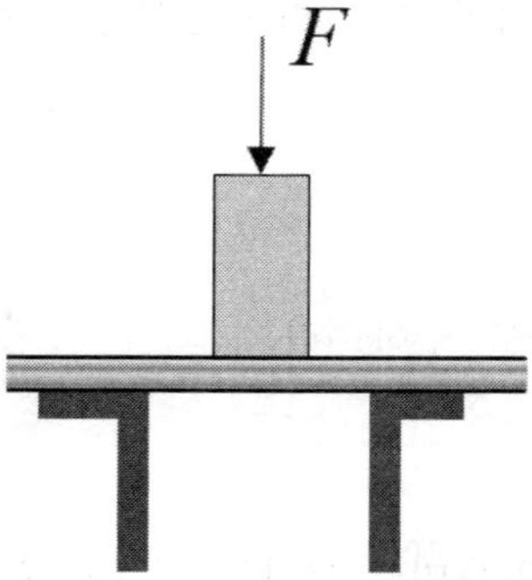

풀 이

그림에서 펀치에 가해진 펀치력은 철판을 자르는 전단하중과 동일하므로,

$$\tau = \frac{V}{A} \rightarrow V = \tau \times A = \tau \times \pi dt = 350 \times 10^6 \times \pi \times 0.03 \times 0.01 = 330kN$$

전단하중을 이용하여 펀치에 발생하는 수직응력을 구하면,

$$\sigma = -\frac{F}{A} = -\frac{V}{\frac{\pi}{4}d^2} = -\frac{330 \times 10^3}{\frac{\pi}{4} \times 0.03^2} = -467MPa$$

연 습 문 제

1. 비례한도가 200MPa인 재료의 비례한도에서의 변형율이 0.001이라면 탄성계수는 얼마인지 계산하라.

2. 알루미늄의 전단탄성계수를 구하여라.

3. 길이 1m, 단면적 26㎠의 알루미늄 봉과 길이 1m, 단면적 13㎠의 강봉을 그림과 같이 접속하여 하단에서 160kN의 힘으로 인장한다. 각 봉에서 발생하는 응력과 전체 늘어난 길이를 구하여라.

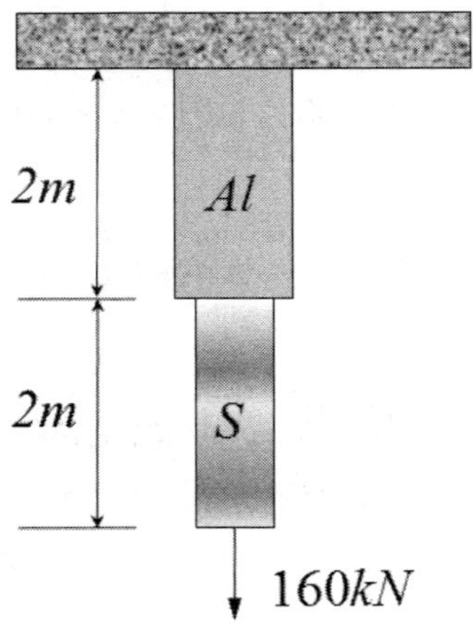

문 제 풀 이

1.비례한도의 정의와 후크의 법칙을 이용하여 계산하면,

$$\sigma = E\epsilon \rightarrow E = \frac{\sigma}{\epsilon} = \frac{200\times10^{6}}{1\times10^{-3}} = 200\times10^{6-(-3)} = 200GPa$$

2. 알루미늄의 탄성계수와 포와송비를 이용하여 계산하면,

$$G = \frac{E}{2(1+\nu)} = \frac{72\times10^{9}}{2(1+0.33)} = 27.1GPa$$

3. 응력 식을 이용하여 알루미늄과 강에 대해 각각 계산하면,

$$\sigma_{Al} = \frac{F}{A_{Al}} = \frac{160\times10^{3}}{26\times10^{-4}} = 6.15\times10^{7} = 61.5MPa$$

$$\sigma_{s} = \frac{F}{A_{s}} = \frac{160\times10^{3}}{13\times10^{-4}} = 12.3\times10^{7} = 123MPa$$

알루미늄 봉과 강봉에 발생하는 응력의 크기는 매우 낮은 편이라서 각 재료의 비례한도 안에 분포되어 있다고 볼 수 있다. 그러므로 변형량을 계산하는 수식은 후크의 법칙을 이용하여 변형하여 사용할 수 있다. 전체 변형량은 알루미늄 봉의 변형량과 강봉의 변형량을 합친 것과 동일하므로,

$\sigma = E\epsilon \rightarrow \frac{F}{A} = E\times\frac{\delta}{L} \rightarrow \delta = \frac{FL}{AE}$ 과 같이 수식 변환을 할 수 있고,

$$\delta_{total} = \delta_{Al} + \delta_s = \frac{FL_{Al}}{A_{Al}E_{Al}} + \frac{FL_s}{A_sE_s}$$

$$= \frac{160 \times 10^3 \times 2}{26 \times 10^{-4} \times 72 \times 10^9} + \frac{160 \times 10^3 \times 2}{13 \times 10^{-4} \times 207 \times 10^9} = 0.290 \times 10^{-2} = 2.90mm$$

CHAPTER 6

열응력과 열변형율

6.1 열변형율

6.1.1 열변형의 사례

컴퓨터의 소비전력이 높아짐에 따라 발열 현상도 자주 일어나 컴퓨터 본체의 온도가 높아져 컴퓨터가 고장 나는 경우가 있다. 컴퓨터에 사용되는 CPU와 같은 부품의 적정 온도는 60℃ 이하이지만, 컴퓨터의 부품 집적도가 높아지면서 이보다 높은 온도로 발열한다. 컴퓨터 본체의 온도가 높아지면 열팽창(열변형율)이 발생하고, 이것이 곧 열응력 증가로 이어져 부품이 고장 나는 것이다. 이러한 온도 상승에 의한 열팽창 및 열응력 증가 현상은 컴퓨터에서만 일어나는 것은 아니다.

가공이나 용접에 의한 접합 공정 시 열이 발생하여 국부적으로 고온으로 올라가면 열팽창이나 열응력 발생이 일어나 금형의 정밀도가 떨어져 불량품이 발생할 수 있다. 금형 분야에서는 이러한 열팽창 및 열응력 발생을 최소화해야 불량품 발생을 줄일 수 있기 때문에 온도 변화에 따른 변형율 및 응력 발생을 제대로 분석할 수 있는 능력이 필요하다.

그림 6-1 열변형을 고려한 철로 틈새 사례

열변형율과 연관된 현상은 일상생활에서도 쉽게 발견할 수 있다. 지하철역이나 기차역에서 선로를 자세히 살펴보면, 지하철과 기차가 달리는 철로에 일정한 간격으로 틈이 벌어져 있는 것을 볼 수 있다. 이는 여름에는 온도가 올라가고 겨울에는 온도가 내려가기 때문에 발생하는 열변형율을 고려한 것이다. 만약 이러한 틈새 없이 철로가 제작된다면 온도가 올라가는 겨울에는 철로가 뒤틀어져서 사고가 발생할 수밖에 없을 것이다.

6.1.2 열변형율

구조물의 온도가 올라가면 조건에 따라 열변형이 발생하거나 열응력이 발생하게 된다. 구조물의 경계가 고정되어 변형이 일어날 수 없을 때는 열응력이 발생하고, 구조물의 한쪽 경계가 고정되지 않고 자유로운 상태면 열변형이 발생한다. 여기에서는 먼저 열변형이 발생하는 경우에 대하여 먼저 다루어보도록 하자.

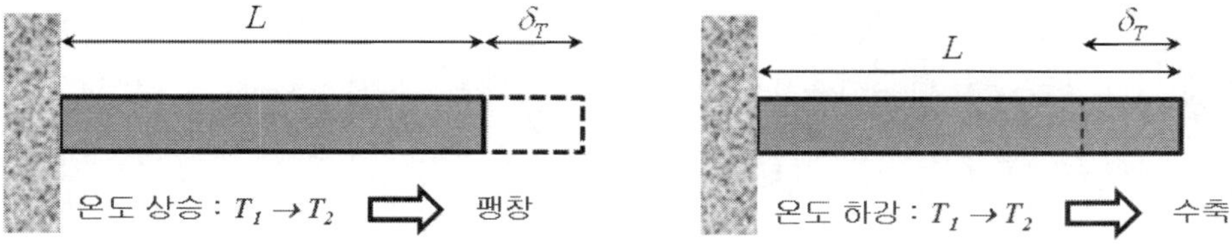

그림 6-2 열변형의 두 가지 사례

먼저 구조물의 온도가 상승하는 경우를 살펴보자. 한쪽은 고정되어 있고 다른 한쪽은 자유로운 상태이기 때문에 구조물의 온도가 올라가면 물체의 길이가 늘어나는 원리에 의해 자유로운 쪽 방향으로 길이가 증가할 것이다. 반대로 구조물의 온도가 하강하는 경우에는 물체의 길이가 줄어드는 원리에 의해 자유로운 쪽 방향에서 구조물의 길이가 수축하게 될 것이다. 그러면 온도 변화에 따라 길이가 늘어나고 줄어드는 열변형량의 크기는 어떻게 계산할 수 있을까?

표 6-1. 주요 재료의 열팽창계수(단위: 10^{-6}/℃)

재료	열팽창계수	재료	열팽창계수
철	12.2	마그네슘	26.1
강	11.5	양은	18
알루미늄	23.8	아연	26.7
듀랄루민	22.6	납	29.2
구리 / 황동	18	주석	23
청동	17.5	니켈	13
금	14.2	크롬	7
백금	9	크롬강	10
은	19.5	유리	8.1

물체의 열변형과 연관된 특징은 재료의 물성치에 해당되므로 이를 고려하여 계산할 수 있다. 열변형과 연관된 재료의 물성치를 열팽창계수(Thermal Expansion)라고 하며 재료의 종류에 따라 그 값이 다르다. 대표적으로 철강은 11.5×10^{-6}/℃이고, 콘크리트는 $10\sim20\times10^{-6}$/℃로 알려져 있다. 그러면 온도 변화에 따라 변형량과 변형율은 어떻게 계산되는지 알아보자. 먼저

열변형율의 계산은 열팽창계수와 온도 변화를 이용하여 계산할 수 있다.

$$\epsilon_T = \alpha \Delta T \quad \text{(식 6-1)}$$

여기서 α는 재료의 물성치인 열팽창계수이고 ΔT는 나중 온도에서 처음 온도를 뺀 온도 변화량이다. 열변형량은 열변형율을 이용하여 계산할 수 있는데 이미 학습한 변형율과 변형량의 관계식 $\epsilon = \dfrac{\delta}{L}$을 이용하여 초기 길이가 L인 소재에 대하여 열변형량을 계산하면 아래와 같이 계산할 수 있다.

$$\delta_T = \epsilon_T \times L = \alpha \Delta T \times L \quad \text{(식 6-2)}$$

만약 길이 L인 소재에 인장하중 F가 가해지고 온도 변화가 ΔT이며 소재의 열팽창계수가 α일 경우 변형율과 변형량을 계산하면 다음과 같다.

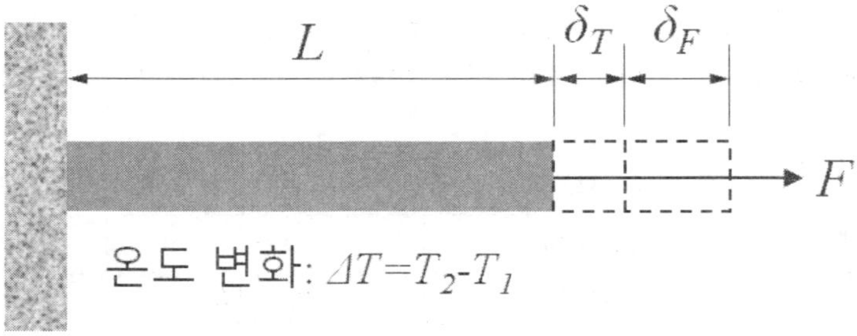

그림 6-3 힘과 온도 변화에 의한 변형량

$$\epsilon_{total} = \epsilon_F + \epsilon_T = \epsilon_F + \alpha \Delta T \quad \text{(식 6-3)}$$
$$\delta_{total} = \delta_F + \delta_T = \epsilon_F \times L + \epsilon_T \times L = (\epsilon_F + \alpha \Delta T) \times L$$

주의할 점은, 한 쪽만 고정되어 있을 경우에는 열응력이 발생하지 않고 열변형만 발생한다는 것이다.

예제 1

왼쪽은 고정되고 오른쪽은 자유로운 길이 20cm의 강봉이 초기 온도 20℃에서 120℃로 상승하였다면 열변형율과 열변형량은 얼마인지 계산하라. (단, 강의 열팽창계수는 11.5×10^{-6}/℃이다.)

풀 이

$$\epsilon_T = \alpha \Delta T = 11.5 \times 10^{-6} \times 100 = 1.15 \times 10^{-3}$$
$$\delta_T = \epsilon_T \times L = 1.15 \times 10^{-3} \times 0.2 = 0.23 \times 10^{-3} m = 0.23 mm = 230 \mu m$$

6.2 열응력

온도 변화가 있는 구조물의 양쪽이 모두 고정되어 있다면 변형을 일으킬 수 없기 때문에 열응력이 발생한다. 쉽게 설명하면, 구조물의 온도가 상승하여 구조물의 길이가 늘어나야 하는데 양쪽 모두 고정되어 있기 때문에 변형될 수 없어 마치 압축하중을 가하는 것과 비슷하다. 그러므로 온도가 올라가면 압축하중을 가한 것과 비슷하여 압축 열응력이 발생한다. 반대로 구조물의 온도가 내려가면 구조물이 수축해야 하는데 양쪽 모두 고정되어 있기 때문에 수축되지 않으므로 마치 인장하중을 가한 것과 유사한 상황이 발생한다. 그러므로 구조물의 온도가 내려가면 인장하중을 가한 것과 비슷하므로 인장 열응력이 발생한다.

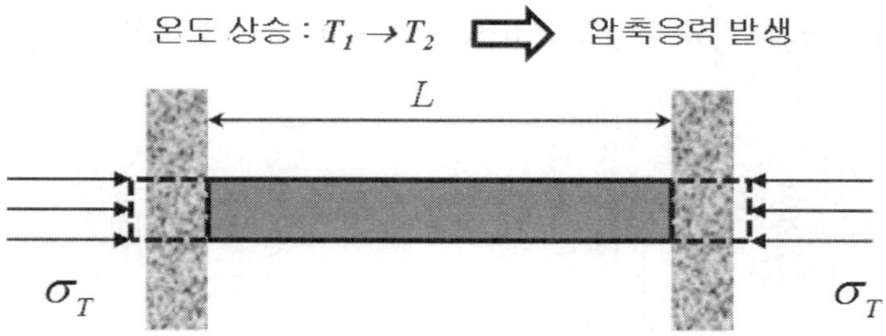

(a) 구조물의 온도가 상승할 때

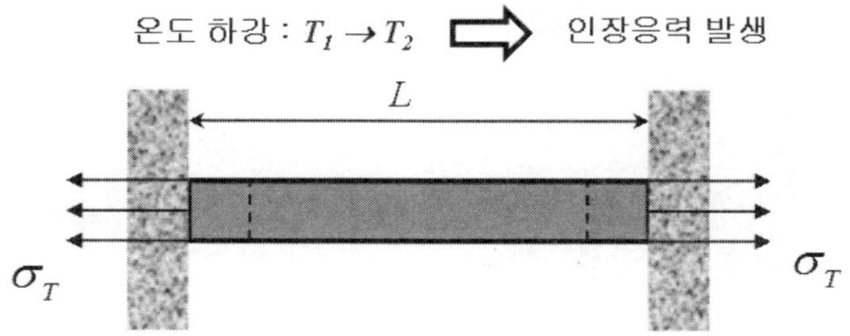

(b) 구조물의 온도가 하강할 때

그림 6-4 열응력 발생의 원리

인장 및 압축 열응력을 계산하는 방법은 응력과 변형율의 관계식(후크의 법칙)을 이용하면 쉽게 계산이 가능하다.

$$\text{온도상승}: \sigma_T = -E\epsilon_T = -E\alpha\Delta T \qquad \text{(식 6–4)}$$
$$\text{온도하강}: \sigma_T = E\epsilon_T = E\alpha\Delta T$$

예제 2

양쪽 모두 고정된 길이 20cm, 직경 10mm의 알루미늄 봉이 초기 온도 20℃에서 120℃로 상승하였다면 봉 내에 발생하는 열응력과 벽에 가해진 열하중은 얼마인지 계산하라. (단, 알루미늄의 열팽창계수는 $23.8\times10^{-6}/℃$이다.)

풀 이

봉의 양쪽이 모두 고정되어 있으므로 열응력이 발생하며 이를 계산하면,

$$\sigma_T = -72\times10^9\times23.8\times10^{-6}\times100 = 1710\times10^5 = 171MPa$$
$$F_T = \sigma_T\times A = \sigma_T\times\frac{\pi}{4}d^2 = 171\times10^6\times\frac{\pi}{4}\times0.01^2 = 13.4kN$$

연 습 문 제

1. 아래 그림과 같이 왼쪽은 고정되어 있고 오른쪽은 자유로운 상태의 강봉이 초기 온도 20℃에서 100℃로 상승하면서 동시에 인장하중이 가해졌다면 전체 변형율과 변형량은 얼마인지 계산하라. (이때, 강의 열팽창계수는 11.5×10^{-6}/℃이고, 강봉의 초기 길이는 40cm이며, 온도 변화 없이 인장하중만 가해 당겼을 때 1mm가 늘어났다고 한다.)

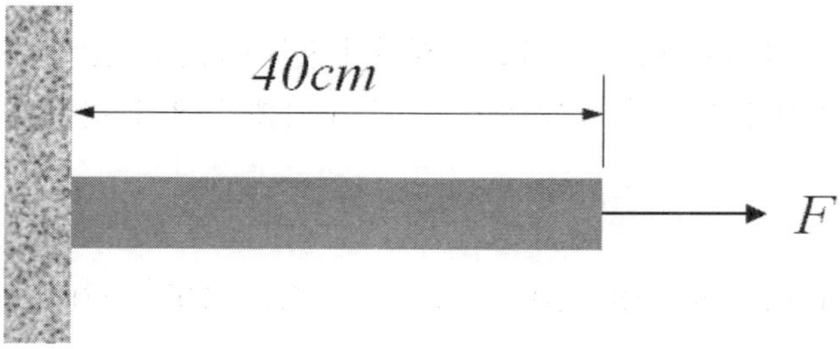

2. 그림과 같이 길이가 1m인 구리봉이 실온에서 벽과 위치 A에서 0.1mm만큼 간격을 두고 놓여있다. 온도가 40℃만큼 상승했을 때, 구리봉 내에 발생하는 압축응력을 계산하여라. (이때, 구리의 열팽창 계수는 18×10^{-6}/℃이고 탄성계수는 110GPa이다.)

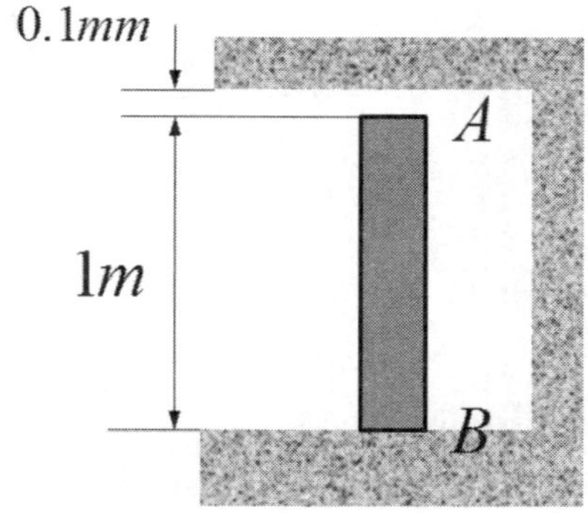

문 제 풀 이

1. 인장하중이 가해질 때의 변형과 열변형을 고려하여 계산하면,

$$\epsilon_{total} = 1\times10^{-3} + 11.5\times10^{-6}\times80 = 1\times10^{-3} + 0.92\times10^{-3} = 1.92mm$$
$$\delta_{total} = \delta_F + \delta_T = \epsilon_{total}\times L = 1.92\times10^{-3}\times0.4 = 0.768mm = 768\mu m$$

2. B점은 고정된 상태이고 A점은 자유로운 상태이지만 구리봉의 길이가 0.1mm만 늘어나도 A점 역시 고정상태가 된다. 그러므로 먼저 구리봉의 온도 변화에 따른 열변형량을 계산하면,

$$\delta_T = \epsilon_T\times L = \alpha\Delta T\times L = 18\times10^{-6}\times40\times1 = 720\times10^{-6} = 0.72\times10^{-3} = 0.72mm$$

구리봉과 벽 사이가 0.1mm이므로 0.1mm가 늘어난 뒤부터는 변형은 일어나지 않고 열응력이 발생하게 된다. 그러므로 열응력에 기여하게 되는 $\delta T = 0.72-0.1 = 0.62mm$를 이용하여 열응력을 계산하면,

$$\sigma_T = -E\epsilon = -E\times\frac{\delta_T - 1mm}{L} = -110\times10^9\times\frac{(0.72-0.1)\times10^{-3}}{1} = -68.2MPa$$

CHAPTER 7

응력 해석

7.1 응력의 표시법

7.1.1 응력의 표시법

지금까지는 주로 한 방향으로 힘이 가해진 경우에 발생하는 응력과 변형율의 종류 및 크기를 계산하는 방법을 배웠다. 그러나 실제로는 한 방향으로 힘을 가할 때도 변형율은 여러 방향으로 발생하고 여러 방향으로 힘을 가할 경우에는 여러 방향으로 응력이 발생하게 된다. 물론 응력의 종류는 인장응력, 압축응력, 전단응력의 세 가지 종류밖에 없지만, 여러 방향으로 하중이 가해질 경우 여러 방향에 따라 응력과 변형율을 표시해야 할 경우가 발생하게 된다. 이를 위해 지금부터 2차원 평면 응력 상태의 경우 응력과 변형율을 표시하는 방법에 관해 설명할 것이다. 2차원 평면 응력 상태를 표시하는 방법을 배우면 3차원 응력 상태로 확장하는 것은 어렵지 않다.

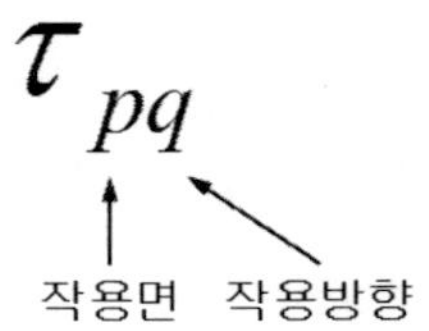

$$\tau_{xx} = \sigma_{xx}$$

$$\tau_{yy} = \sigma_{yy}$$

그림 7-1 응력의 표시법

응력을 표시할 때 아래 첨자를 사용하여 표시하는데, 첨자의 첫 번째 글자는 응력이 작용하고 있는 면의 방향을, 두 번째 글자는 응력이 작용하는 방향을 나타낸다. 예를 들어 수평방향으로 놓인 강봉에 수평방향으로 힘을 가하면 아래 그림과 같은 응력이 재료 내부에서 발생한다. 응력이 가해지는 면이 x면이고 응력이 가해지는 방향이 x방향이기 때문에 σ_{xx}로 표시하면 된다.

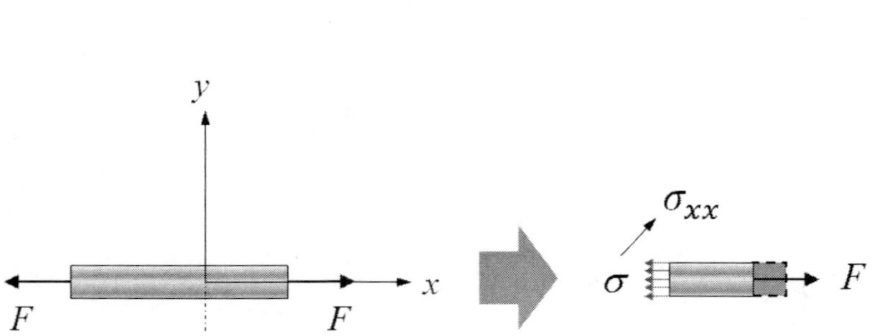

그림 7-2 수직응력의 표시법 사례

수직응력뿐만 아니라 전단응력을 표시하는 방법도 동일하다. 예를 들어 수평으로 놓인 강봉을 수직 방향으로 자른다고 할 때 물체 내부에서는 전단응력이 발생하게 되는데, x면에 응력이 발생하지만 응력의 방향은 y방향이므로 τ_{xy}로 표시할 수 있다.

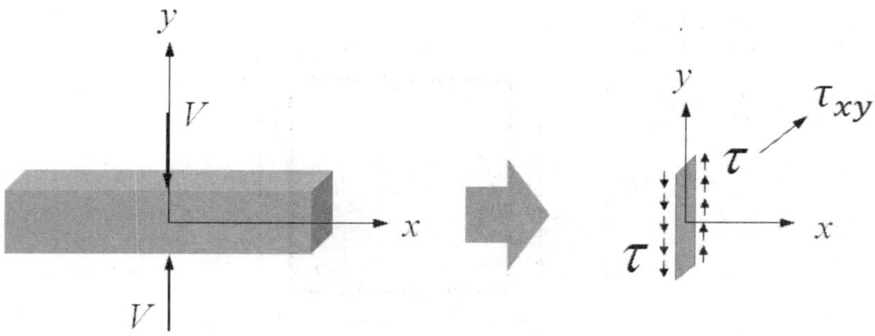

그림 7-3 전단응력의 표시법 사례

이와 같이 한 방향이 아니라 여러 방향으로 가해지는 응력을 고려하여 2차원 평면 응력에 대하여 모든 방향의 응력을 표시하면 아래 그림과 같다.

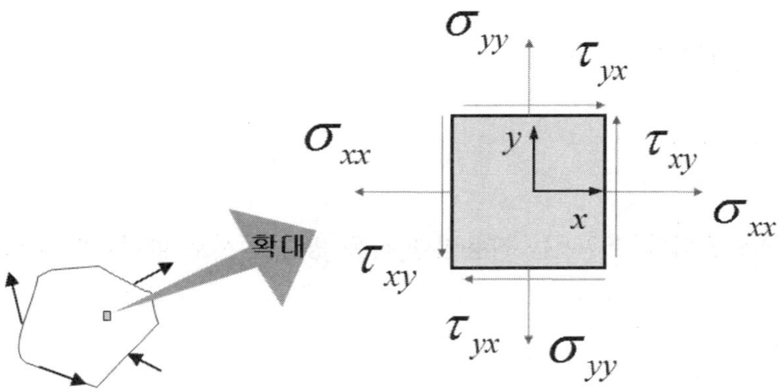

그림 7-4 평면응력 표시법

지금까지 응력을 표시하는 방법으로 크기와 방향을 표시하는 방법을 배웠다. 그러나 응력의 부호를 결정하는 방법은 설명하지 않았는데, 사실 응력의 부호를 결정하는 방법은 아주 간단하다. 응력의 작용면과 작용 방향이 동일하면 (+), 동일하지 않으면 (-)가 된다. 그런 의미에서 위에 그린 평면응력 표시법의 응력값은 모두 (+)이다.

7.1.2 전단응력의 크기

수직응력과 달리 전단응력은 응력의 작용면과 작용 방향이 서로 다르다. 예를 들어 τ_{xy}와 τ_{yx}는 작용면과 작용 방향이 서로 반대로 되어있다. 그러므로 두 가지 종류의 전단응력의 크기를 서로 비교해볼 필요성이 있다. 이를 위해 아래 그림과 같이 재료의 미소 요소를 고려하여 $\tau_{xy} = \tau', \tau_{yx} = \tau$로 두고 모멘트에 대한 평형조건을 적용하면 된다.

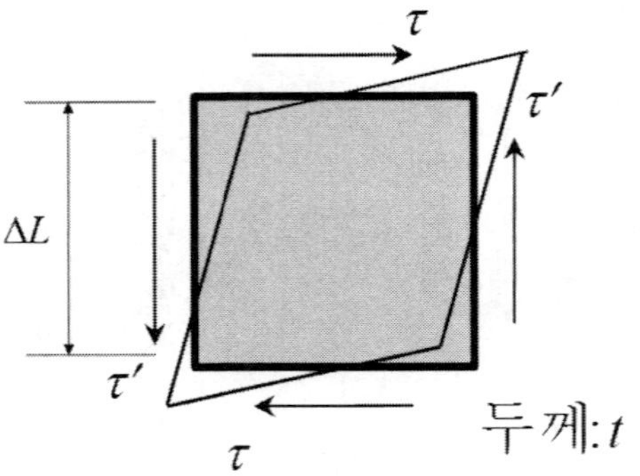

그림 7-5 전단응력의 크기

$$\sum M = 0 : \tau' \times \Delta L \times t \times \frac{\Delta L}{2} \times 2 - \tau \times \Delta L \times t \times \frac{\Delta L}{2} \times 2 = 0$$

위의 식을 정리하면,

$$\tau' = \tau \rightarrow \tau_{xy} = \tau_{yx} \qquad \text{(식 7-1)}$$

그러므로 전단응력의 경우에는 작용면과 작용 방향이 서로 바뀌어도 동일하다고 정리할 수 있다.

7.2 재료의 종류와 파손

재료의 종류를 나누는 방법으로 재료의 파손 메커니즘(fracture mechanism)에 따라 나누는 방법이 있다. 그 결과로 연성재료와 취성재료로 나눌 수 있는데, 연성재료는 대부분의 금속과 플라스틱이 해당된다. 연성재료는 길이 방향으로 힘을 가하면 길게 늘어나면서 네킹(necking) 현상이 일어나는 특징을 갖고 있다. 게다가 파손면의 파손 각도가 0°가 아닌 것을 관찰할 수 있다.

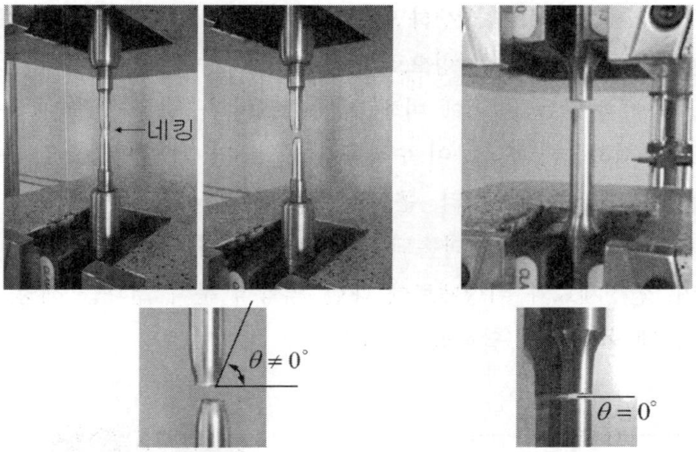

그림 7-6 연성재료와 취성재료의 파손 메커니즘

이에 비해 취성재료는 유리, 세라믹, 주철과 같은 재료가 대표적이다. 취성재료는 길이 방향으로 힘을 가하면 원래의 모양을 그대로 유지하면서 길이만 변하다가 갑자기 부서지는 특징을 보인다. 취성재료의 파손면의 파손 각도는 연성재료와 다르게 0°로 나타난다.

연성재료와 취성재료의 변형과정과 파손 메커니즘의 차이점은 힘-변형량 곡선을 살펴보아도 쉽게 알 수 있다.

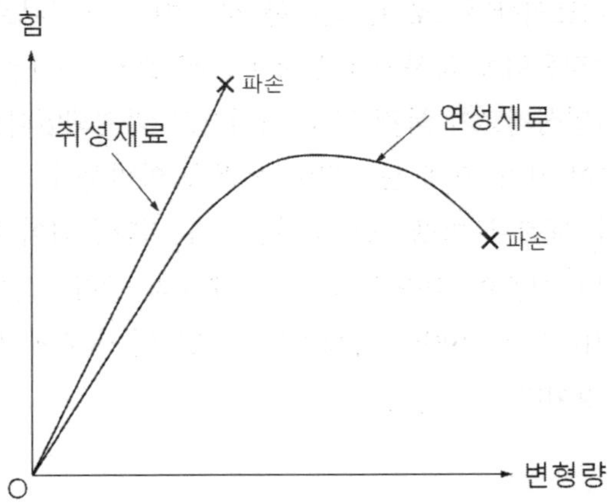

그림 7-7 연성재료와 취성재료의 힘-변형량 곡선

연성재료는 네킹 현상이 발생하기 때문에 곡선 구간이 크게 나타나는 데 비해, 취성재료는 네킹 현상이 거의 발생하지 않기 때문에 힘-변형량 곡선에서 거의 직선만 나타나는 것을 관찰할 수 있다.

이와 같이 힘-변형량 곡선에서 연성재료는 곡선 구간이 많이 나타나고 취성재료는 직선으로 구성되는 이유를 살펴보는 것은 재료의 특성을 분석하는 데 있어서 중요한 문제이다. 연성재료는 하중을 가했을 때 네킹 현상이 발생하면서 길게 늘어나다가 파손되는 재료이고, 전단하중에 취약하여 전단응력이 최대가 되는 방향으로 파손된다. 그 종류로는 철금속 중 연강과 대부분의 금속재료, 플라스틱이 해당된다. 이에 비해 취성재료는 하중을 가했을 때 유리처럼 순식간에 부서지는 재료로, 수직하중에 취약하여 수직응력이 최대가 되는 방향으로 파손되는 재료이며, 그 종류로는 철금속 중 주철과 유리, 콘크리트 등이 해당된다.

두 재료는 인장하중을 가했을 때 파손되는 메커니즘이 서로 다르므로 이에 대한 재료역학적 분석이 필요하며, 연성재료와 취성재료에 대한 역학적 분석 결과는 해당 재료를 이용하여 제품을 설계하는 데 유용하게 활용될 수 있다.

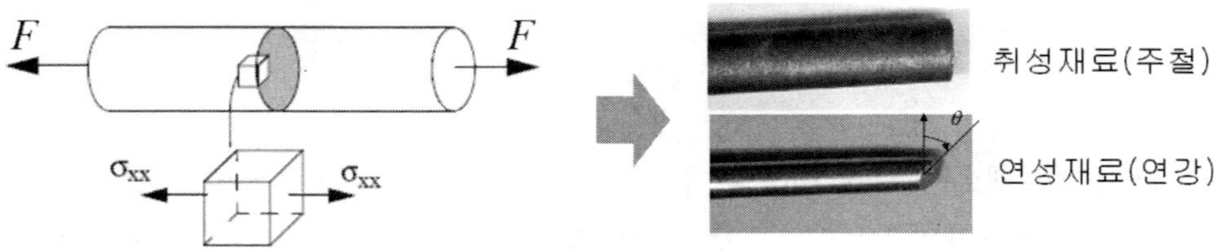

< 재료의 인장시험 > < 재료의 파손형태 >

그림 7-8 재료의 인장시험에 따른 파손 메커니즘의 차이

연성재료와 취성재료에 대하여 인장시험을 한 결과 파손 메커니즘이 달라 파손 단면의 각도가 서로 다르다는 것은 재료역학적으로 큰 의미를 시사한다. 취성재료가 0° 방향으로 파손되었다는 것은 취성재료가 수직응력에 약하기 때문에 0° 방향으로 수직응력이 가장 크게 분포된다는 것을 의미한다. 반면 연성재료가 특정 각도 방향으로 파손되었다는 것은 연성재료가 특정 각도 방향으로 전단응력이 가장 크게 분포된다는 것을 의미한다. 그러므로 외부로부터 특정 제품에 힘이 가해질 경우 내부에 발생하는 수직응력과 전단응력이 어떤 방향으로 가장 크게 분포되는지 알 수 있다면 제품이 파손되지 않는 재료의 종류, 길이, 두께 등을 설계할 수 있을 것이다. 그러므로 지금부터 외력이 가해지는 구조물의 내부에 발생하는 평면응력 상태에 대하여 자세히 살펴볼 것이다.

7.3 평면응력 상태

일반적인 평면응력 상태를 표시하기 위하여 외팔보를 예로 들어 살펴보도록 하자.

외팔보의 왼쪽은 고정된 상태이고 오른쪽은 자유로운 상태이며, 외팔보의 외부로부터 수직하중 F_x, F_y와 전단하중 V가 가해지고 있다. 이때 외팔보 내부에 발생하는 응력을 표시하면 다음과 같다.

$$\sigma_{xx} = \frac{F_x}{A_x},\ \sigma_{yy} = \frac{F_y}{A_y} \qquad \text{(식 7–2)}$$
$$\tau_{xy} = \frac{V}{A_x}$$

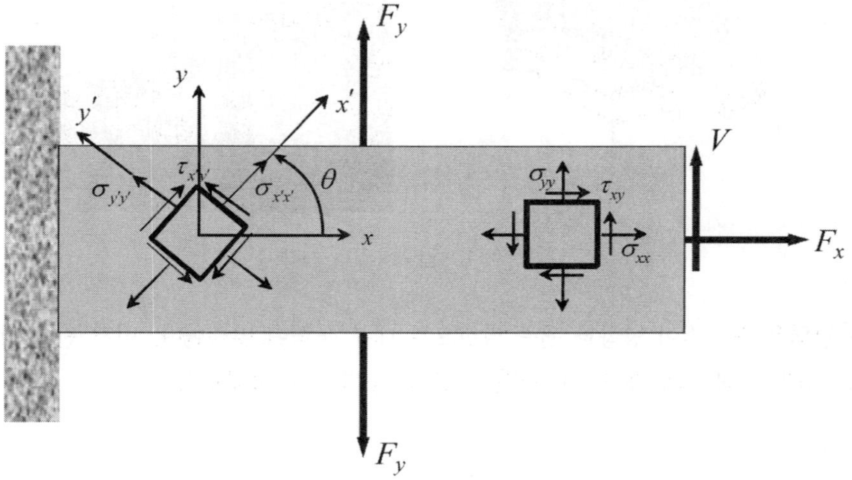

그림 7–9 평면응력 상태의 표시

여기서 임의의 각도 θ만큼 회전한 좌표계 x'-y'에 대해 응력의 변화를 고려하기 위하여 x-y 좌표계로부터 x'-y' 좌표계로 삼각함수의 원리를 이용하여 각 방향 응력을 변환하면 (변환과정이 복잡하지만 그 과정은 생략한다) 아래와 같이 정리할 수 있다.

$$\sigma_{x'x'} = \sigma_{xx}\cos^2\theta + \sigma_{yy}\sin^2\theta + 2\tau_{xy}\sin\theta\cos\theta \qquad \text{(식 7–3)}$$
$$\sigma_{y'y'} = \sigma_{xx}\sin^2\theta + \sigma_{yy}\cos^2\theta - 2\tau_{xy}\sin\theta\cos\theta$$
$$\tau_{x'y'} = (-\sigma_{xx} + \sigma_{yy})\sin\theta\cos\theta + \tau_{xy}(\cos^2\theta - \sin^2\theta)$$

7.4 압력용기에 발생하는 응력

7.4.1 원통형 압력용기

우리가 일상생활에서 사용하는 구조물 중에는 내부에 기체가 압축 및 저장되어있는 압력용기가 많다. 그 예로 LPG 가스 압력용기와 비슷한 형태의 가스 저장용기를 비롯하여 각종 플랜트 구조물에 사용되는 반응기나 대형 저장탱크가 있다.

그림 7-10 압력용기의 사례

이러한 압력용기는 길이 방향과 원주 방향으로 내부 응력이 발생한다. 먼저 원주 방향 응력을 계산하기 위해 아래 그림과 같이 단면을 잘라 응력을 표시해보자.

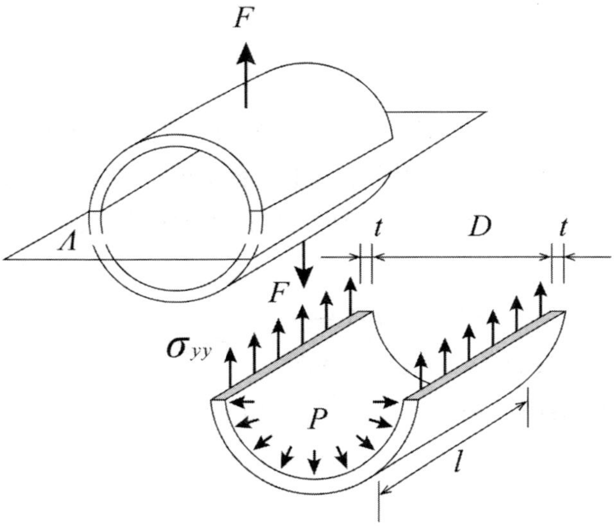

그림 7-11 압력용기의 원주 방향 응력

단면 표시된 부분을 포함하여 압력용기의 상하 방향 힘의 평형조건을 고려하면,

$$\sum F_y = 0 : \sigma_{yy} \times 2tl - p \times Dl = 0$$

위의 식을 정리하여 원주 방향 응력을 구하면,

$$\sigma_{yy} = \frac{pD}{2t} \qquad \text{(식 7–4)}$$

이번에는 압력용기의 길이 방향 응력을 계산하기 위해 길이 방향의 단면을 잘라 응력을 표시해보자.

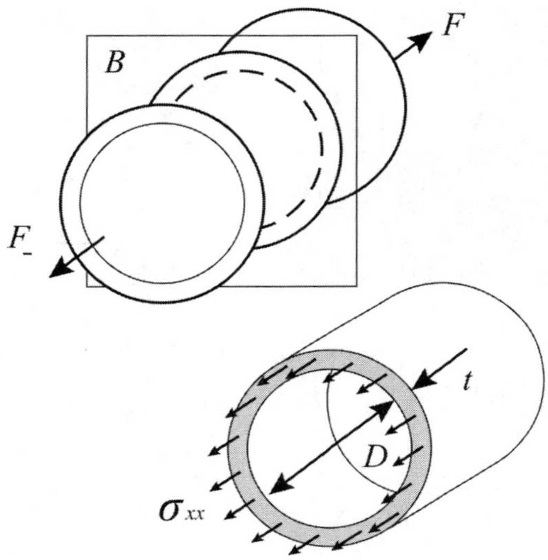

그림 7–12 압력용기의 길이 방향 응력

단면 표시된 부분을 포함하여 압력용기의 길이 방향 힘의 평형조건을 고려하면,

$$\sum F_x = 0 : \sigma_{xx} \times \pi dt - p \times \frac{\pi}{4} D^2 = 0$$

위의 식을 정리하여 원주 방향 응력을 구하면,

$$\sigma_{xx} = \frac{pD}{4t} \qquad \text{(식 7–5)}$$

7.4.2 구형 압력용기

우리의 일상생활에는 구형 압력용기가 무척 많다. 다양한 스포츠에 사용되는 공 역시 구형 압력용기로 생각하면 된다. 구형 압력용기는 형태 특성상 원통형 압력용기에서 길이 방향과 원주 방향이 동일하기 때문에 길이 방향 응력과 원주 방향 응력이 동일하다. 구형 압력용기의 응력을 계산하기 위해 구형 압력용기의 단면을 잘라 아래 그림과 같이 응력을 표시해보자.

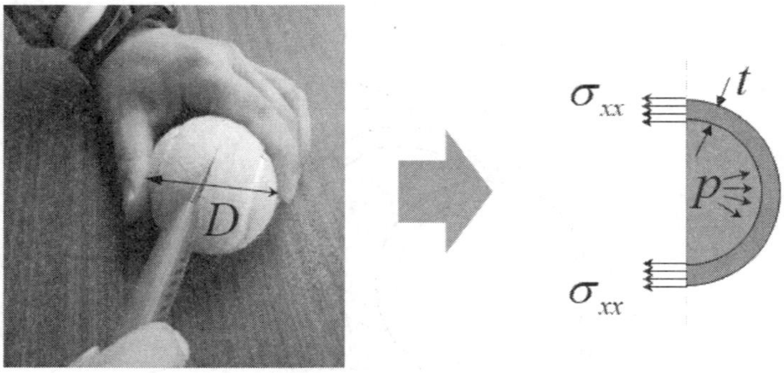

그림 7-13 구형 압력용기에 발생하는 응력

단면 표시된 부분을 포함하여 압력용기의 길이 또는 원주 방향 힘의 평형조건을 고려하면,

$$\sum F_x = 0 : \sigma_{xx} \times \pi dt - p \times \frac{\pi}{4} D^2 = 0$$

위의 식을 정리하여 구형 압력용기의 내부에서 발생하는 응력을 구하면,

$$\sigma_{xx} = \frac{pD}{4t} \qquad \text{(식 7-6)}$$

예제 1

철강으로 만들어진 원통형 압력용기의 내경이 50cm, 두께는 5mm이다. 원통 내부에 500kPa이 가해질 때 길이 방향과 원주 방향 응력을 구하여라.

풀 이

원통형 압력용기의 내부 응력식을 이용하여 길이 및 원주 방향 응력을 계산하면,

$$\sigma_{xx} = \frac{pD}{4t} = \frac{500 \times 10^3 \times 0.5}{4 \times 0.005} = 12.5MPa$$

$$\sigma_{yy} = \frac{pD}{2t} = \frac{500 \times 10^3 \times 0.5}{2 \times 0.005} = 25MPa$$

7.5 2축 상태 응력-변형율 관계

7.5.1 수직변형율

물체에 인장하중을 가하면 평면상 두 가지 변형율이 발생한다. 인장하중을 가하는 방향으로는 인장변형율이 발생하고, 수직 방향으로는 압축변형율이 발생한다. 이때 발생하는 인장변형율(ϵ)과 압축변형율($-\epsilon^{'}$) 사이의 관계식은 포와송비로 표현할 수 있다.

$$\nu = -\frac{\epsilon^{'}}{\epsilon} \quad \text{(식 7-7)}$$

이 식과 후크의 법칙을 이용하여 압축변형율을 인장변형율로 표시하면,

$$\epsilon^{'} = -\nu\epsilon = -\nu\frac{\sigma}{E}$$

이 식을 응력 및 변형율을 표시하는 일반적인 형태로 표시하면,

$$\epsilon_{yy} = -\nu\epsilon_{xx} = -\nu\frac{\sigma_{xx}}{E}$$

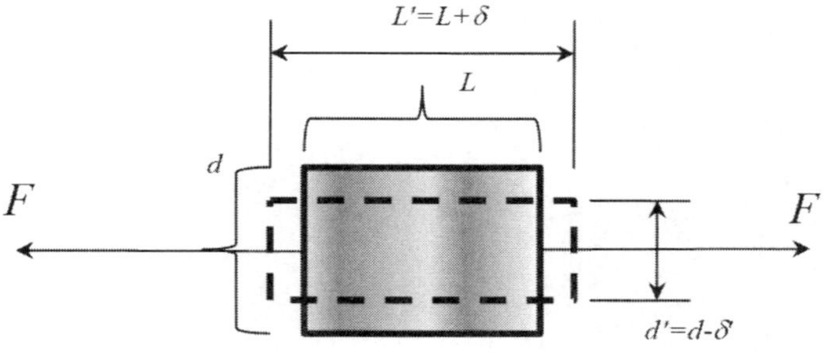

그림 7-14 평면변형율의 발생 원리

여기에서 외부에서 가하는 힘으로 x-방향 힘뿐만 아니라 y-방향 힘도 고려하면 아래와 같이 표현할 수 있다.

$$\epsilon_{xx} = \frac{\sigma_{xx}}{E} - \nu\frac{\sigma_{yy}}{E} = \frac{1}{E}(\sigma_{xx} - \nu\sigma_{yy}) \quad \text{(식 7-8)}$$
$$\epsilon_{yy} = \frac{\sigma_{yy}}{E} - \nu\frac{\sigma_{xx}}{E} = \frac{1}{E}(\sigma_{yy} - \nu\sigma_{xx})$$

위의 식을 잘 살펴보면, x-방향의 변형율을 구성하는 것은 x-방향으로 가한 힘으로 인해 발생하는 인장변형율과, y-방향으로 가한 힘에 의해 발생하는 압축변형율 두 가지라는 것을 알 수 있다. 마찬가지로 y-방향의 변형율을 구성하는 것은 y-방향으로 가한 힘으로 인해 발생하는 인장변형율과, x-방향으로 가한 힘에 의해 발생하는 압축변형율 두 가지이다.

7.5.2 전단변형율

수직변형율과 달리 전단변형율은 전단하중이 가해진 방향에 대해서만 변형율이 발생하기 때문에 전단응력과 전단변형율 사이의 후크의 법칙을 적용하면 쉽게 구할 수 있다.

$$\tau = G\gamma \rightarrow \gamma = \frac{\tau}{G}$$

위의 식을 이용하여 응력 및 변형율 표시법으로 표현하여 정리하면 아래 식과 같다.

$$\gamma_{xy} = \frac{\tau_{xy}}{G} \quad \text{(식 7-9)}$$

여기서 전단탄성계수는,

$$G = \frac{E}{2(1+\nu)} \quad \text{(식 7-10)}$$

예제 2

벽 두께가 12mm, 반지름이 900mm인 원통형 강제 압력용기가 내압 0.8MPa의 압력을 받고 있을 때, 각 방향의 변형율을 구하여라.

풀 이

변형율을 계산하기 위해 각 방향 응력을 먼저 구하면,

$$\sigma_{xx} = \frac{pD}{4t} = \frac{0.8\times10^6\times1.8}{4\times0.012} = 30MPa$$
$$\sigma_{yy} = \frac{pD}{2t} = \frac{0.8\times10^6\times1.8}{2\times0.012} = 60MPa$$

전단하중은 가해지지 않기 때문에 전단응력 역시 0이다. 이렇게 구한 각 방향 응력을 이용하여 변형율을 계산하면,

$$\epsilon_{xx} = \frac{1}{E}(\sigma_{xx} - \nu\sigma_{yy}) = \frac{1}{207\times10^9}\times(30\times10^6 - 0.3\times60\times10^6) = 58.0\times10^{-6}$$
$$\epsilon_{yy} = \frac{1}{E}(\sigma_{yy} - \nu\sigma_{xx}) = \frac{1}{207\times10^9}\times(60\times10^6 - 0.3\times30\times10^6) = 246\times10^{-6}$$
$$\gamma_{xy} = \frac{\tau_{xy}}{G} = \frac{\tau_{xy}}{\frac{E}{2(1+\nu)}} = \frac{0}{\frac{207\times10^9}{2(1+0.3)}} = 0$$

연습문제

1. 아래의 그림과 같이 연강재 미소 요소에 응력이 발생할 때, 각 방향에 따른 변형율을 구하여라.

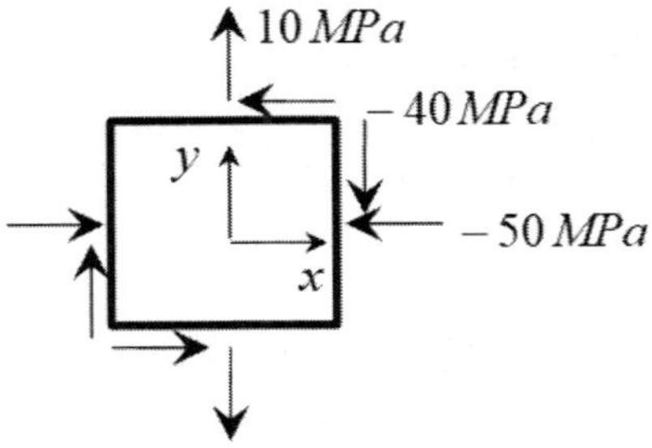

2. 가죽으로 만든 축구공의 내경이 30cm, 두께는 2mm이다. 축구공 내부에 200kPa이 가해질 때 원주 방향 응력과 평면 변형율을 구하라. (단, 축구공 재료의 탄성계수는 0.8GPa이고 포와송비는 0.4이다.)

3. 아래 그림과 같이 직경이 5cm인 알루미늄 봉에 F=10kN의 인장하중이 작용한다. 이때 2축 상태 변형율을 계산하여라.

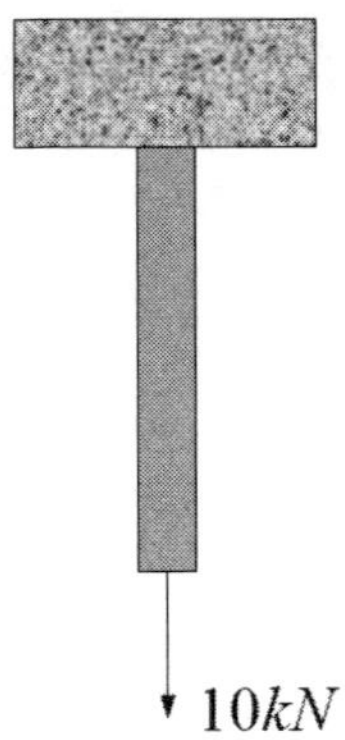

문 제 풀 이

1. 각 방향의 응력이 주어져 있으므로 이를 이용하여 변형율을 구하면,

$$\epsilon_{xx}=\frac{1}{E}(\sigma_{xx}-\nu\sigma_{yy})=\frac{1}{207\times10^9}\times(-50\times10^6-0.3\times10\times10^6)=-256\times10^{-6}$$

$$\epsilon_{yy}=\frac{1}{E}(\sigma_{yy}-\nu\sigma_{xx})=\frac{1}{207\times10^9}\times(10\times10^6-0.3\times(-50\times10^6))=121\times10^{-6}$$

$$\gamma_{xy}=\frac{\tau_{xy}}{G}=\frac{\tau_{xy}}{\frac{E}{2(1+\nu)}}=\frac{-40\times10^6}{\frac{207\times10^9}{2(1+0.3)}}=-502\times10^{-6}$$

2. 축구공은 구형 압력용기에 해당되므로 먼저 응력을 계산하여 적용하면,

$$\sigma_{xx}=\sigma_{yy}=\frac{pD}{4t}=\frac{200\times10^3\times0.3}{4\times0.002}=7.5MPa$$

전단하중은 가해지지 않으므로,

$$\epsilon_{xx}=\epsilon_{yy}=\frac{1}{E}(\sigma_{xx}-\nu\sigma_{yy})=\frac{1}{0.8\times10^9}\times(7.5\times10^6-0.4\times7.5\times10^6)=-5.63\times10^{-3}$$

$$\gamma_{xy}=\frac{\tau_{xy}}{G}=\frac{\tau_{xy}}{\frac{E}{2(1+\nu)}}=\frac{0}{\frac{0.8\times10^9}{2(1+0.4)}}=0$$

3. 알루미늄 봉에 y-방향 힘만 가해지므로 전단응력과 x-방향 수직응력은 0이다. 그러므로 y-방향 응력을 계산하면,

$$\sigma_{xx} = 0, \tau_{xy} = 0$$

$$\sigma_{yy} = \frac{F}{A} = \frac{10 \times 10^3}{\frac{\pi}{4} \times 0.05^2} = 5.09MPa$$

위에서 계산한 응력을 이용하여 평면응력을 계산하면,

$$\epsilon_{xx} = \frac{1}{E}(\sigma_{xx} - \nu\sigma_{yy}) = \frac{1}{72 \times 10^9} \times (0 - 0.33 \times 5.09 \times 10^6) = -23.3 \times 10^{-6}$$

$$\epsilon_{yy} = \frac{1}{E}(\sigma_{yy} - \nu\sigma_{xx}) = \frac{1}{72 \times 10^9} \times (5.09 \times 10^6 - 0.33 \times 0) = 70.7 \times 10^{-6}$$

$$\gamma_{xy} = \frac{\tau_{xy}}{G} = \frac{\tau_{xy}}{\frac{E}{2(1+\nu)}} = \frac{0}{\frac{72 \times 10^9}{2(1+0.33)}} = 0$$

CHAPTER

8

모어원

8.1 주응력과 최대전단응력

8.1.1 재료의 파손

파손 형식에 따라 재료의 종류를 나누면 크게 연성재료와 취성재료로 나눌 수 있다. 연성재료는 최대전단응력 방향으로 파손되는 것으로 연강, 알루미늄을 비롯한 대부분의 금속재료, 플라스틱 등이 해당되고 취성재료는 최대수직응력(또는 주응력) 방향으로 파손되는 것으로 주철, 유리, 콘크리트 등이 해당된다.

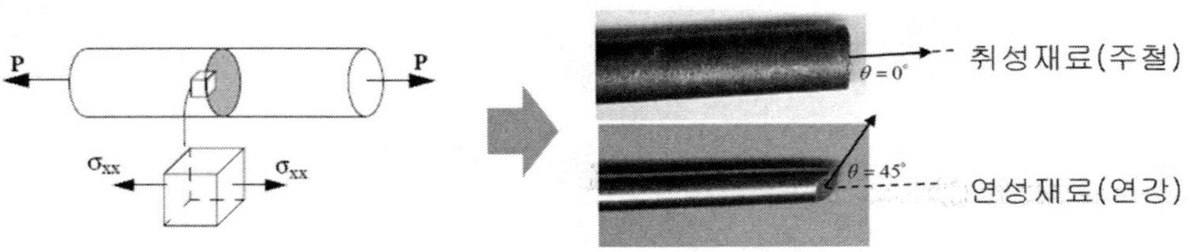

그림 8-1 재료의 종류에 따른 파손 방향

위의 그림에서 주철은 취성재료이므로 최대주응력 방향이 파손 방향이 되고, 연강은 연성재료이므로 최대전단응력 방향이 파손 방향이 된다. 여기서 최대주응력 방향과 최대전단응력 방향은 취성재료와 연성재료의 파손 메커니즘을 정의하면서 알게 된 방향이다. 그러므로 최대주응력과 최대전단응력은 무엇이며 그 방향은 어떻게 되는지 지금부터 살펴보기로 하자.

8.1.2 주응력

주응력(principal stress)이란 평면응력 상태를 각도에 따라 회전하다 전단응력이 발생하지 않고 수직응력만 발생하는 회전 각도를 만났을 때 전단응력이 발생하지 않는 최대 또는 최소 수직응력을 말한다. 이 중 최댓값을 최대주응력(maximum principal stress, σ_1), 최솟값을 최소주응력(minimum principal stress, σ_2)라고 한다. 그리고 전단응력이 사라지는 회전 각도에 해당하는 면을 주응력면(principal plane of stress)이라고 한다.

주응력면(주응력 방향)이 중요한 이유는 해당 재료가 취성재료일 경우에는 주응력면에서 파손이 일어나고 또 외부에서 가해지는 힘에 의해 해당 재료의 내부에서 발생하는 최대주응력값이 재료의 항복강도(인장강도)에 도달하면 파손이 일어나기 때문이다. 이와 같은 파손 메커니즘을 보이는 취성재료의 종류에는 세라믹, 유리, 콘크리트와 같은 재료가 있고, 금속에서는 주철과 같이 탄소의 함량이 많은 재료가 있다.

주응력의 특징을 살펴보면, 평면응력 상태의 경우 주응력의 종류는 최대주응력과 최소주응력이 있으며 둘은 서로 수직을 이루어 직교 상태에 있다. 그리고 주응력 상태에 있는 주응력면에서는 전단응력이 0이다.

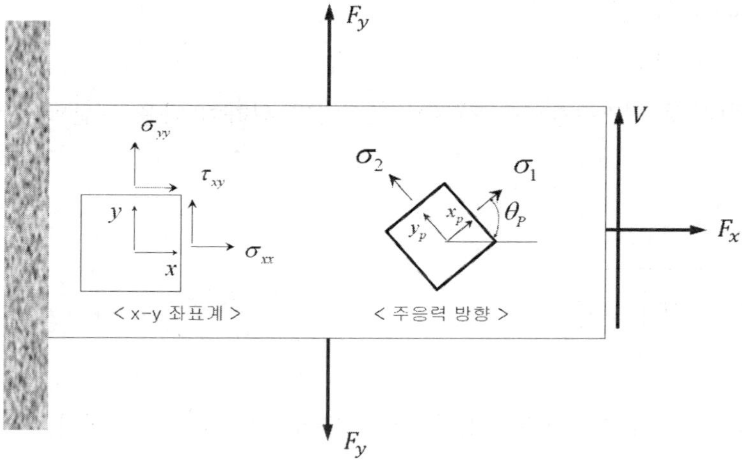

그림 8-2 주응력과 주응력면

주응력 상태의 사례를 찾아보면, 강봉에 인장하중만 가해질 경우 전단응력이 발생하지 않으므로 두 개의 주응력이 존재한다. 또 다른 사례로 원통형 압력용기의 경우 전단응력이 존재하지 않고 원주 방향 응력과 길이 방향 응력이 각각 최대 및 최소주응력이 된다.

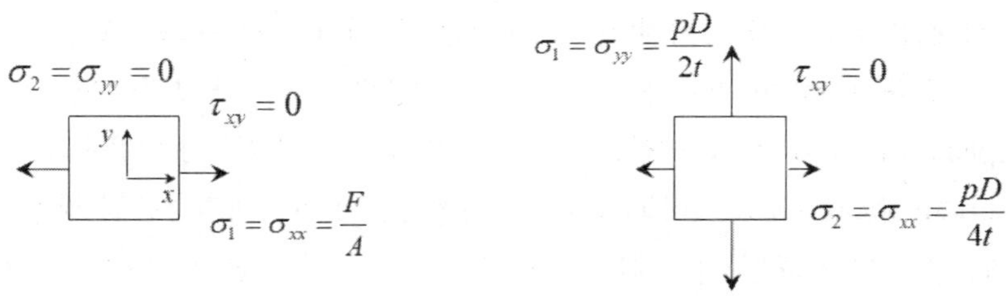

그림 8-3 주응력 사례

최대 및 최소주응력의 크기를 계산하는 과정은 복잡하고 어렵다. 그러므로 그 과정은 생략하고 그 결과를 정리하여 취성재료의 파손 현상을 이해하는 데 활용해보도록 하자. 최대 및 최소주응력의 크기는 다음과 같은 계산식으로 표시된다.

$$\sigma_1(\text{최대주응력}) = \frac{\sigma_{xx}+\sigma_{yy}}{2} + \sqrt{\left(\frac{\sigma_{xx}-\sigma_{yy}}{2}\right)^2 + \tau_{xy}^2} \quad \text{(식 8-1)}$$

$$\sigma_2(\text{최소주응력}) = \frac{\sigma_{xx}+\sigma_{yy}}{2} - \sqrt{\left(\frac{\sigma_{xx}-\sigma_{yy}}{2}\right)^2 + \tau_{xy}^2}$$

위의 식을 잘 살펴보면 다음과 같은 결과를 얻을 수 있다.

$$\sigma_1 + \sigma_2 = \sigma_{xx} + \sigma_{yy} \quad \text{(식 8–2)}$$

여기에서 최대 및 최소주응력을 간단히 표시하기 위하여 다음과 같이 정의한다.

$$C = \frac{\sigma_{xx} + \sigma_{yy}}{2} \quad \text{(식 8–3)}$$

$$R = \sqrt{\left(\frac{\sigma_{xx} - \sigma_{yy}}{2}\right)^2 + \tau_{xy}^2}$$

그러면 최대 및 최소주응력은 다음과 같이 간단하게 표시할 수 있다.

$$\sigma_1 = C + R \quad \text{(식 8–4)}$$

$$\sigma_2 = C - R$$

8.1.3 최대전단응력

평면응력 상태를 각도에 따라 회전하다 직교하는 두 개의 수직응력의 크기가 같아지는 회전 각도를 만나게 된다. 이때 이 직교하는 두 개의 수직응력이 동일한 면을 바로 최대전단응력면(maximum plane of shear stress)이라고 하고, 그 면에서 발생하는 전단응력의 크기를 최대전단응력(maximum shear stress)이라고 한다. 최대전단응력면(최대전단응력 방향)이 중요한 이유는 해당 재료가 연성재료일 경우에는 최대전단응력면에서 파손이 일어나기 때문이며, 외부에서 가해지는 힘에 의해 해당 재료의 내부에서 발생하는 최대전단응력 값이 재료의 전단항복강도(전단 인장강도)에 도달하면 파손이 일어나기 때문이다. 이와 같은 파손 메커니즘을 보이는 연성재료의 종류에는 대부분의 금속재료와 플라스틱 같은 재료가 있고 금속에서는 연강과 같이 탄소의 함량이 적은 재료가 있다.

최대전단응력의 특징을 살펴보면, 평면응력 상태의 경우 최대전단응력과 최소전단응력은 부호가 (+)와 (-)일 뿐 절댓값의 크기는 같다. 그러므로 최소전단응력은 고려할 필요 없이 최대전단응력만 고려하면 된다.

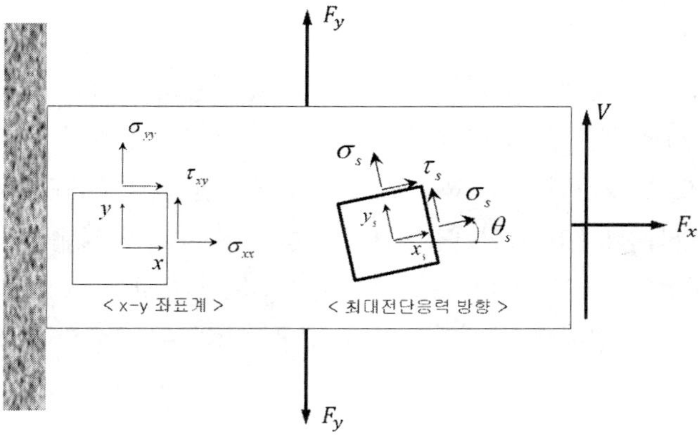

그림 8-4 최대전단응력과 최대전단응력면

최대전단응력 상태의 사례를 찾아보면, 강봉에 전단하중만 가할 경우가 이에 해당한다. 직교하는 두 개의 주응력의 크기는 0이다.

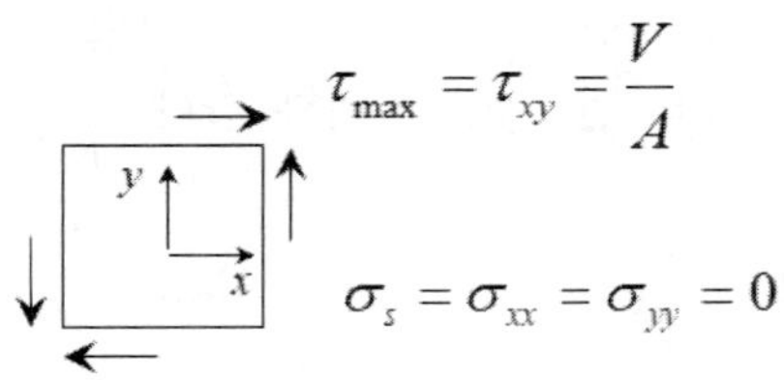

그림 8-5 전단하중만 가해질 경우의 최대전단응력 사례

최대전단응력의 크기를 계산하는 과정은 복잡하고 어렵다. 그러므로 그 과정은 생략하고 그 결과를 정리하여 연성재료의 파손 현상을 이해하는 데 활용해보도록 하자. 최대전단응력의 크기는 다음과 같은 계산식으로 표시된다.

$$\tau_{max}(\text{최대전단응력}) = +\sqrt{\left(\frac{\sigma_{xx}-\sigma_{yy}}{2}\right)^2 + \tau_{xy}^2} \quad \text{(식 8–5)}$$
$$\tau_{min}(\text{최소전단응력}) = -\sqrt{\left(\frac{\sigma_{xx}-\sigma_{yy}}{2}\right)^2 + \tau_{xy}^2}$$

여기에서 앞에서 정의 C와 R을 활용하여 다시 정리하면, 최대 및 최소전단응력은 다음과 같이 간단하게 표시할 수 있다.

$$\tau_{max} = +R \quad \text{(식 8–6)}$$
$$\tau_{min} = -R$$

8.2 파손이론

많은 과학자들의 연구 결과에 의하면, 취성재료는 인장응력에 약하고 연성재료는 전단응력에 약하다. 이러한 기본적인 재료의 성질을 바탕으로 여러 가지 종류의 파손이론이 제시되었다. 가장 대표적인 것으로 윌리엄 랭킨(W.Rankine)이 제안한 최대주응력설이 있다. 이 이론은 최대주응력 값이 항복강도(또는 인장강도)보다 클 경우 재료의 파손이 일어난다는 것으로, 취성재료의 파손 현상과 잘 일치한다. 물론 최소주응력의 절댓값의 크기가 압축 항복강도(또는 압축 인장강도)보다 클 경우에도 파손이 일어난다. 최대주응력설을 정리하면 아래 수식과 같다.

$$\sigma_1 > \sigma_{yt} \text{ 또는 } \sigma_2 < -|\sigma_{yc}| \qquad \text{(식 8-7)}$$

위의 식에서 σ_{yt}는 인장 항복강도를 말하고 σ_{yc}는 압축 항복강도를 말한다. 이에 비해 앙리 트레스카(H.Tresca) 등은 최대전단응력설을 주장했는데, 그들의 이론은 재료는 최대전단응력이 항복 전단응력에 도달하면 파손 현상이 일어난다는 것으로, 연성재료의 파손 현상을 잘 설명한다. 최대전단응력설을 정리하면 아래 수식과 같다.

$$\tau_{\max} > \tau_y \text{ 여기서 } \tau_y = \frac{1}{2}\sigma_{yt} \qquad \text{(식 8-8)}$$

이 외에도 다양한 종류의 파손이론이 있으나 여기에서는 최대주응력설(취성재료)과 최대전단응력설(연성재료)만 다루도록 한다.

8.3 모어원과 파손이론

모어원(Mohr's circle)은 재료의 파손 현상을 이해하고 제품의 파손 여부를 판단할 수 있는 쉬운 방법을 제공한다. 앞에서 정의한 C와 R은 모어원의 원점 위치와 반지름을 의미한다. 이를 이용하여 모어원을 그리면 아래 그림과 같다.

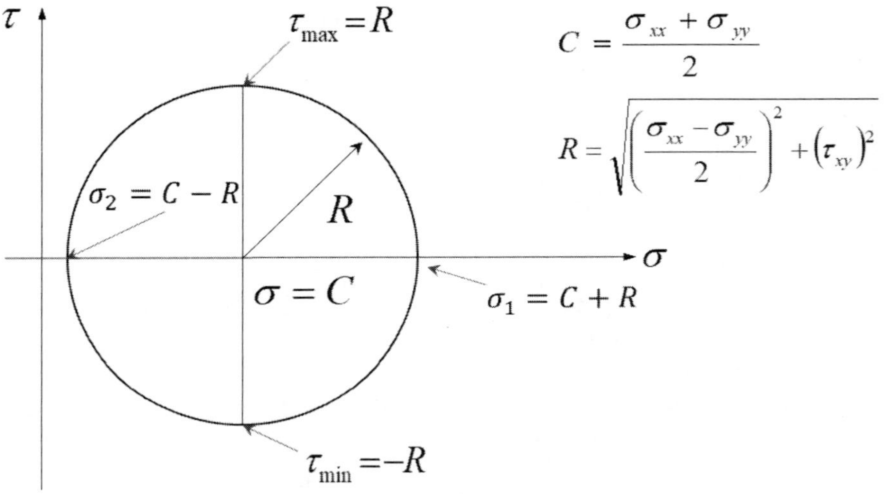

그림 8-6 모어원 그리는 방법

모어원을 그리기 위해서는 가장 먼저 σ와 τ로 된 직교좌표계를 그려야 한다. 그 다음에는 각 방향의 응력(σ_{xx}, σ_{yy}, τ_{xy})을 계산한 다음, 이것을 이용하여 C와 R을 구한다. 그리고 σ축에 C의 값에 해당하는 위치를 모어원의 중심으로 점을 찍고 모어원의 중심으로부터 반지름 R의 크기에 해당하는 원을 그린다. 마지막으로 재료의 종류가 연성재료이면 최대전단응력 값을 참조하여 전단 항복강도와 비교하여 파손 여부를 판단하고, 재료의 종류가 취성재료이면 최대주응력 값을 참조하여 항복강도와 비교하여 파손 여부를 판단하면 된다. 물론 최소주응력의 절댓값이 최대주응력의 절댓값보다 크면 최소주응력 값을 압축 항복강도와 비교하여 파손 여부를 판단하면 된다.

예제 1

아래와 같이 천정에 달린 전구를 지탱하기 위해 직경 10mm의 주철로 된 원형 봉이 전구의 무게 5kgf를 견디고 있다. 이때, 모어 원을 그려서 주응력과 최대 및 최소전단응력을 구하고 파손 여부를 판단하라. (단, 주철의 항복강도는 500MPa이다.)

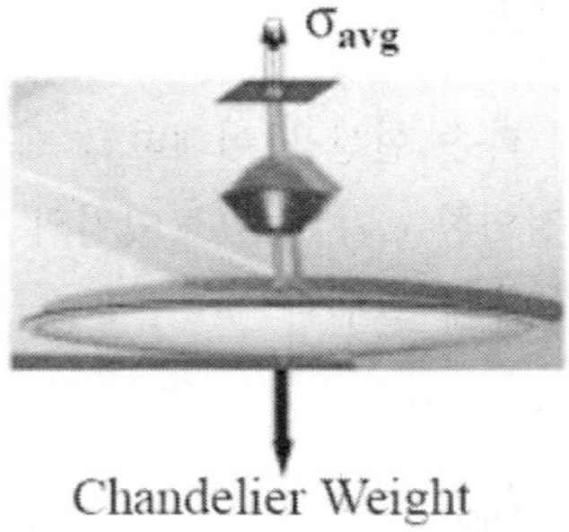

풀 이

주철 원형 봉에 대하여 자유물체도를 그리면,

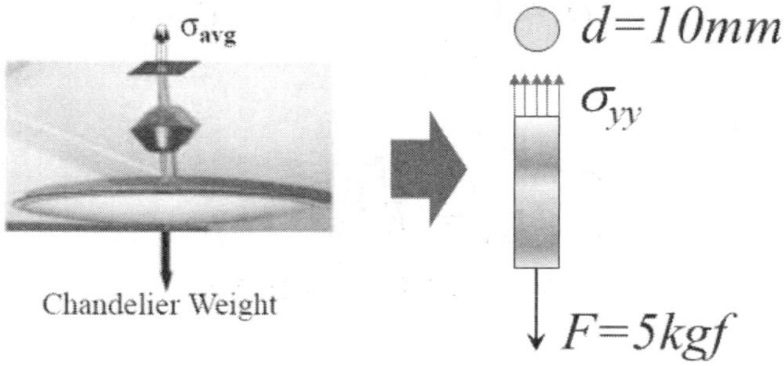

주어진 조건 하에서 각 방향의 응력을 계산하면,

$$\sigma_{yy} = \frac{F}{A} = \frac{F}{\frac{\pi}{4}d^2} = \frac{5 \times 9.81}{\frac{\pi}{4} \times 0.01^2} = 0.625MPa$$

계산된 응력값을 정리하면,

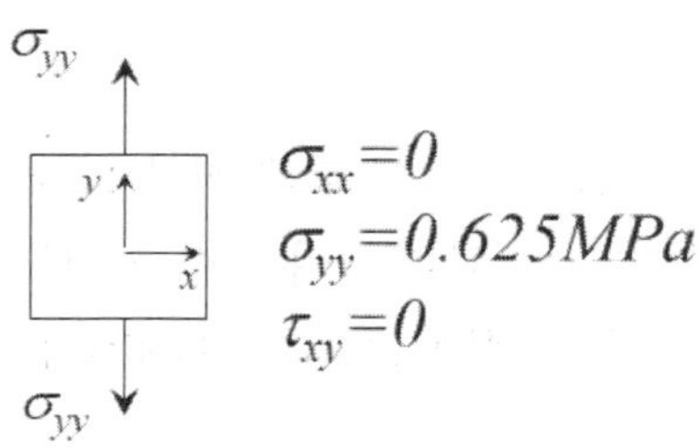

C와 R을 계산하면,

$$C = \frac{\sigma_{xx} + \sigma_{yy}}{2} = \frac{0 + 0.625}{2} = 0.313MPa$$

$$R = \sqrt{\left(\frac{\sigma_{xx} - \sigma_{yy}}{2}\right)^2 + \tau_{xy}^2} = \sqrt{\left(\frac{0 - 0.625}{2}\right)^2 + 0^2} = 0.313MPa$$

위에서 구한 C와 R 값을 이용하여 모어원을 그리고 최대 및 최소주응력의 위치와 값을 표시한 후 최대 및 최소전단응력의 위치와 값을 표시하면 다음과 같다.

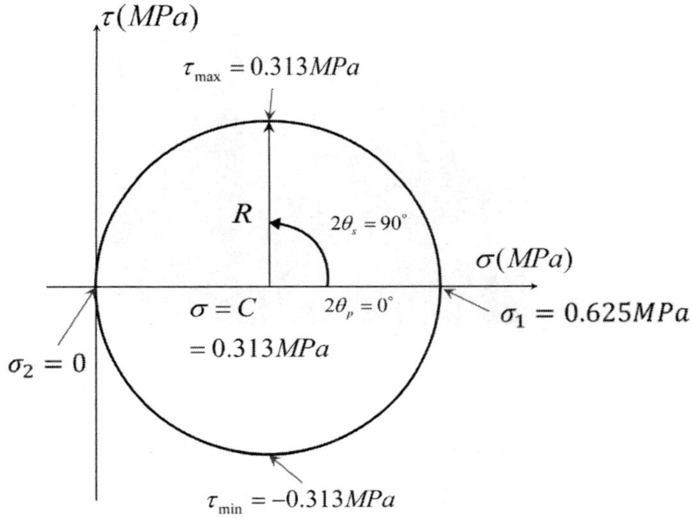

원형 봉의 재료는 주철로 취성재료이므로 최대주응력과 항복강도를 비교해보아야 한다.

$\sigma_1 = 0.625MPa < \sigma_y = 500MPa$

최대주응력의 값이 항복강도보다 작기 때문에 주철로 된 원형 봉은 파손되지 않는다.

연 습 문 제

1. 아래와 같이 두께 10mm의 연강으로 만든 직경 1m의 원통형 압력용기 내에 압력이 0.8MPa이 가해질 때, 압력 용기에 걸리는 응력을 구하고 모어원을 그려서 주응력과 최대 및 최소전단응력을 구하여라. 또한 연강의 항복강도가 300MPa일 때, 용기의 파손 여부를 판단하라.

2. 아래와 같이 직경 10mm의 연강으로 만든 철근을 자르기 위해 철근의 길이에 수직 방향으로 1000kgf의 힘을 가할 때, 철근에 걸리는 응력을 구하고 모어원을 그려서 주응력과 최대 및 최소전단응력을 구하여라. 또한 연강의 항복강도가 400MPa일 때, 파손 여부를 판단하라.

문 제 풀 이

1. 원통형 압력용기의 각 방향의 응력을 계산하면,

$$\sigma_{xx} = \frac{pD}{4t} = \frac{0.8 \times 10^6 \times 1}{4 \times 0.01} = 20MPa$$
$$\sigma_{yy} = \frac{pD}{2t} = \frac{0.8 \times 10^6 \times 1}{2 \times 0.01} = 40MPa$$
$$\tau_{xy} = 0$$

계산된 응력값을 이용하여 C와 R을 계산하면,

$$C = \frac{\sigma_{xx} + \sigma_{yy}}{2} = \frac{20 + 40}{2} = 30MPa$$
$$R = \sqrt{\left(\frac{\sigma_{xx} - \sigma_{yy}}{2}\right)^2 + \tau_{xy}^2} = \sqrt{\left(\frac{20 - 40}{2}\right)^2 + 0^2} = 10MPa$$

위에서 구한 C와 R 값을 이용하여 모어원을 그리고 최대 및 최소주응력의 위치와 값을 표시한 후 최대 및 최소전단응력의 위치와 값을 표시하면 다음과 같다.

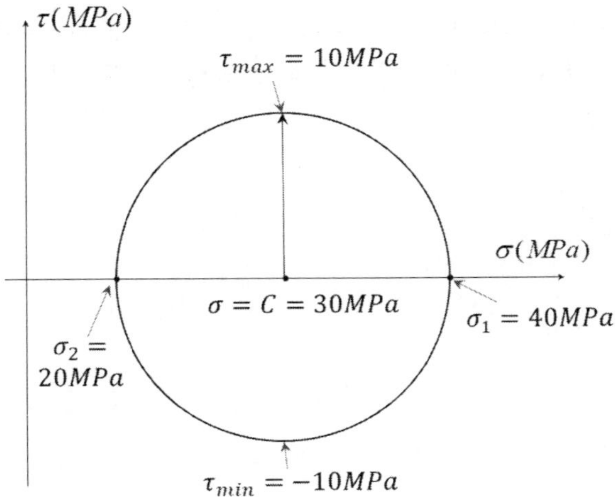

압력용기의 재료는 연강으로 연성재료이므로 최대전단응력과 전단 항복강도를 비교해 보아야 한다.

$$\tau_{\max} = 10MPa < \tau_y = \frac{1}{2}\sigma_y = 150MPa$$

최대전단응력의 값이 전단 항복강도보다 작기 때문에 연강으로 된 압력용기는 파손되지 않는다.

2. 전단하중이 가해지는 철근의 각 방향의 응력을 계산하면,

$$\sigma_{xx} = 0$$
$$\sigma_{yy} = 0$$
$$\tau_{xy} = \frac{V}{A} = \frac{V}{\frac{\pi}{4}d^2} = \frac{1000\times 9.81}{\frac{\pi}{4}\times 0.01^2} = 125MPa$$

계산된 응력값을 이용하여 C와 R을 계산하면,

$$C = \frac{\sigma_{xx}+\sigma_{yy}}{2} = \frac{0+0}{2} = 0$$
$$R = \sqrt{\left(\frac{\sigma_{xx}-\sigma_{yy}}{2}\right)^2 + \tau_{xy}^2} = \sqrt{\left(\frac{0-0}{2}\right)^2 + 125^2} = 125MPa$$

위에서 구한 C와 R 값을 이용하여 모어원을 그리고 최대 및 최소주응력의 위치와 값을 표시한 후 최대 및 최소전단응력의 위치와 값을 표시하면 다음과 같다.

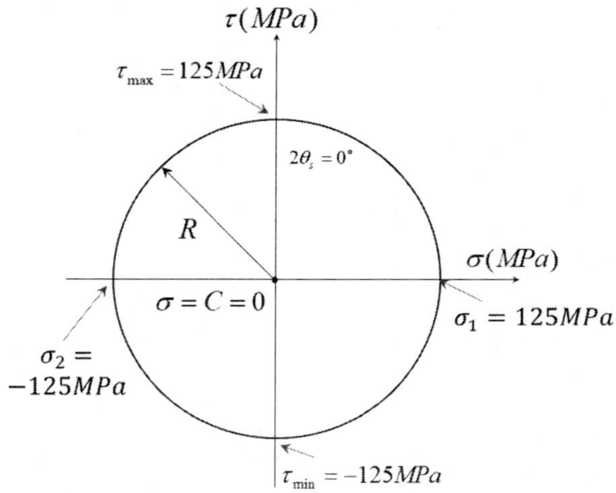

철근의 재료는 연강으로 연성재료이므로 최대전단응력과 전단 항복강도를 비교해보아야 한다.

$$\tau_{\max} = 125MPa < \tau_y = \frac{1}{2}\sigma_y = 200MPa$$

최대전단응력의 값이 전단 항복강도보다 작기 때문에 연강으로 된 철근은 파손되지 않는다.

CHAPTER

9

비틀림 하중

9.1 비틀림하중과 응력

9.1.1 비틀림하중과 구조물

비틀림하중이 가해지는 구조물을 축(shaft)이라고 한다. 비틀림하중의 특성상 구조물은 회전하는 경우가 대부분이며 모터 축, 프로펠러 샤프트, 드라이브 샤프트 등이 이에 해당된다.

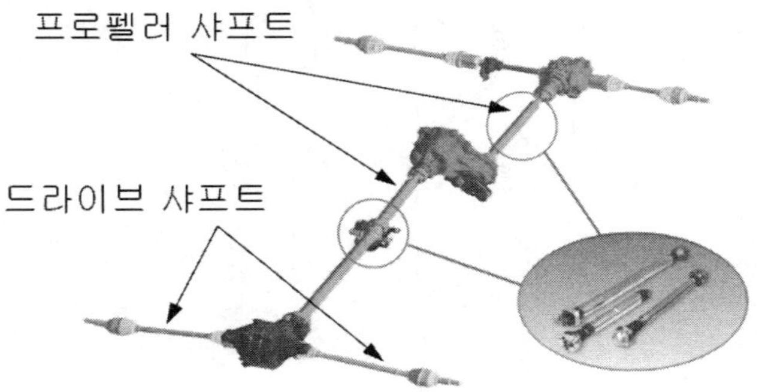

그림 9-1 자동차에 사용되는 축의 종류

자동차 구동축과 같이 빠르게 회전하는 축이 아니더라도 자동차 운전대와 연결된 조향 축(column shaft)과 같이 느리게 회전하는 축도 존재한다. 그러므로 축은 회전 속도와 상관없이 축의 양 끝단이 회전 상대운동이 발생하는 구조물이라고 볼 수 있다. 축은 우리가 일상생활에서 흔히 볼 수 있는 세탁기, 건조기, 믹서 등의 가전제품에서도 사용되며, 공작기계를 비롯한 다양한 기계 구조물에서도 많이 사용된다.

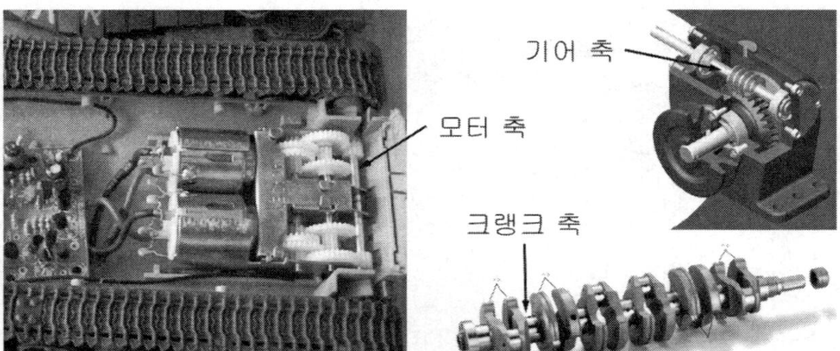

그림 9-2 다양한 종류의 축

9.1.2 비틀림 전단응력

비틀림하중이 가해지는 구조물에서 비틀림하중이 전파되는 특징은 다음과 같다.

① 비틀림하중이 가해질 때 구조물의 길이나 단면의 변화를 일으키지 않고 전단변형율(각도 변화)만 일으킨다.

② 비틀림하중을 가하면 반대편에 반대 방향 비틀림 반력이 발생하게 된다.

③ 비틀림하중은 토크라고 부르며, 가한 힘과 반지름의 곱으로 계산할 수 있다.

④ 토크를 가하면 축의 내부에는 비틀림 전단응력이 발생한다.

축의 외부에서 비틀림하중이 발생하면 축 내부에서는 전단응력이 발생하지만, 일반적인 전단응력을 계산하는 방법과 다르다.

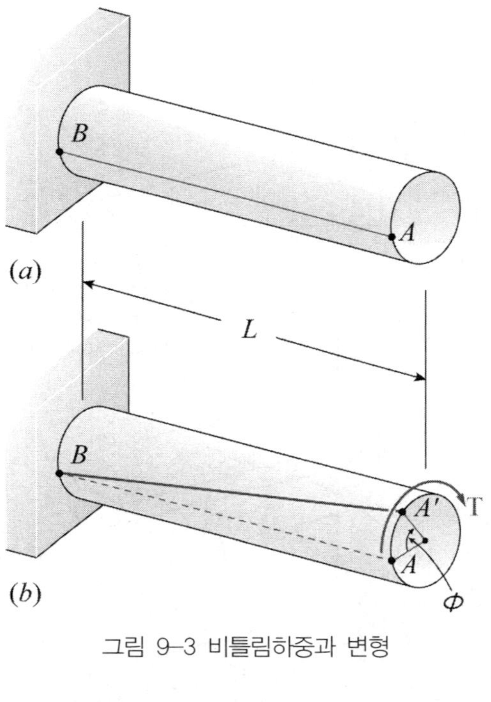

그림 9–3 비틀림하중과 변형

비틀림하중이 가해지는 부재의 특징을 살펴보면, 원형 단면축은 뒤틀리지 않기 때문에 실제 부품으로 사용 가능하고, 비원형 단면축은 뒤틀림이 발생하기 때문에 실제 부품으로 사용이 불가능하다. 또한 비틀림하중이 가해질 때 발생하는 축의 비틀림각은 토크와 축의 길이에 비례한다는 것을 알 수 있다. 이와 같은 현상을 반영하여 비틀림 전단응력과 비틀림 전단변형율을 계산하는 과정을 지금부터 살펴보도록 하자.

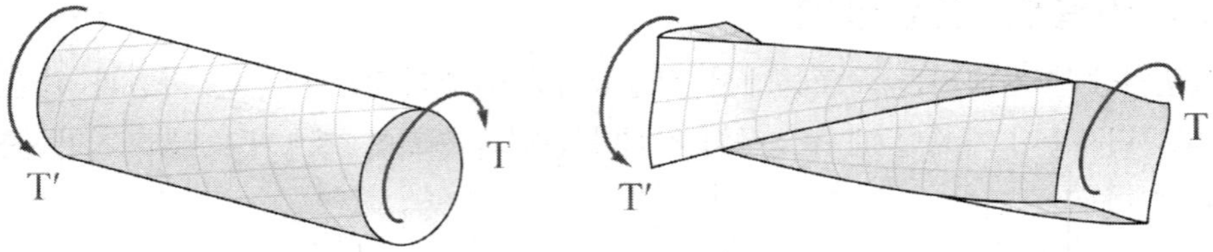

그림 9–4 원형 축과 비원형 축의 비틀림 현상

먼저 비틀림 전단변형율 계산을 고려해보자. 아래 그림과 같이 비틀림하중이 가해지면 비틀림각이 발생하게 되고 비틀림 각도가 작기 때문에 비틀림각은 전단변형율과 동일하다. 이 점을 활용하여 전단변형율과 길이를 곱한 값과 단면의 회전각과 반지름을 곱한 값이 동일하다는 점을 이용하여 수학적으로 계산할 수 있다.

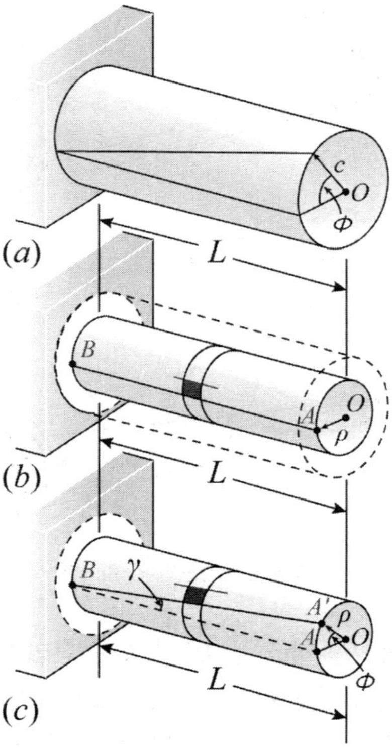

그림 9–5 비틀림 전단변형율

$$\gamma \times L = r \times \phi \rightarrow \gamma = \frac{r}{L} \times \phi \qquad (식\ 9\text{–}1)$$

여기서 γ는 비틀림각(비틀림 전단변형율)이고, φ는 단면의 회전각이다.

그러면 지금부터는 비틀림 전단응력을 계산하는 과정을 살펴보도록 하자. 만약 사람의 팔을 비틀면 팔의 표면이 아플까, 아니면 팔 내부의 뼈가 아플까? 당연히 팔의 표면에 있는 살이 찢어지는 듯한 아픔을 가장 먼저 느끼게 될 것이다. 그러므로 축의 외부에서 축에 비틀림하중을 가할 경우 축의 내부에서 발생하는 비틀림 전단응력의 최댓값은 축의 표면에서 발생할 것을 예측할 수 있다. 동시에 비틀림 전단응력의 최솟값은 축의 가장 안쪽에서 발생할 것이다.

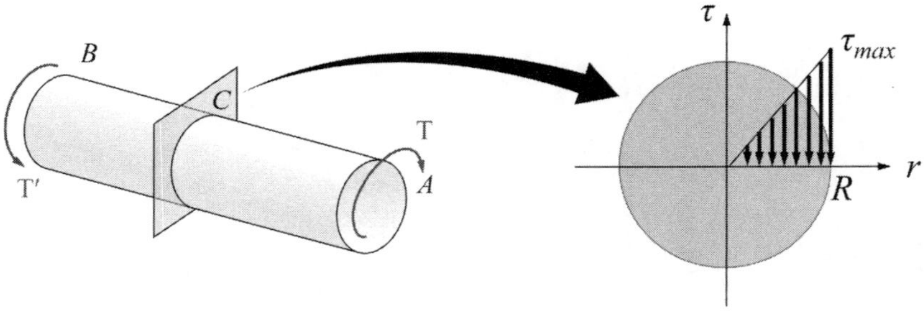

그림 9–6 비틀림하중과 축의 비틀림 전단응력의 분포

비틀림 전단응력을 계산하는 가장 기본적인 식은 아래와 같다. 유도 과정은 복잡하고 어렵지만 여기서는 그 결과를 이용하여 비틀림 전단응력을 구하는 과정을 살펴보기로 하자.

$$\frac{\tau}{r} = \frac{T}{I_p} \qquad \text{(식 9–2)}$$

여기서 I_p는 단면의 극관성모멘트(polar moment of inertia)이다. 원형이 아니면 뒤틀림이 발생하기 때문에 다른 단면 도형은 사용할 수 없어서 원형에 대한 극관성모멘트를 기억하는 것이 중요하다.

$$I_p(\text{중실축}) = \frac{\pi d^4}{32} \qquad \text{(식 9–3)}$$

$$I_p(\text{중공축}) = \frac{\pi}{32}(d_o^4 - d_i^4)$$

그러면 먼저 중실축에 대하여 비틀림 전단응력을 계산해보도록 하자. 중실축에 발생하는 가장 큰 비틀림 전단응력은 축의 표면에서 발생하므로 이를 고려하여 계산하면 될 것이다.

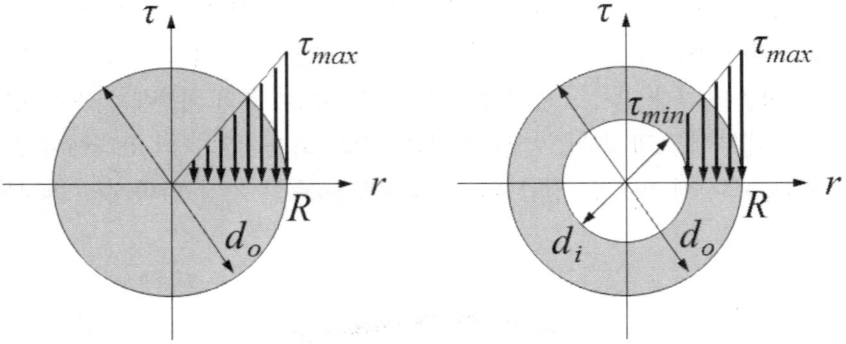

그림 9-7 축의 비틀림 전단응력

$$\frac{\tau}{r}=\frac{T}{I_p} \rightarrow \tau_{\max}=\frac{T}{I_p}\times r_{\max}=\frac{T}{\frac{\pi d^4}{32}}\times\frac{d}{2}=\frac{16T}{\pi d^3} \quad \text{(식 9-4)}$$

여기에 전단에 관한 후크의 법칙을 적용하면 다음과 같은 식을 얻을 수 있다.

$$\tau=G\gamma \rightarrow \frac{G\gamma}{r}=\frac{T}{I_p} \rightarrow \gamma_{\max}=\frac{16T}{G\pi d^3} \quad \text{(식 9-5)}$$

이제 중공축에 대하여 전단응력을 계산해보도록 하자. 중실축에 발생하는 가장 큰 비틀림 전단응력은 축의 표면에서 발생하므로 이를 고려하여 계산하면 될 것이다.

$$\frac{\tau}{r}=\frac{T}{I_p} \rightarrow \tau_{\max}=\frac{T}{I_p}\times r_{\max}=\frac{T}{\frac{\pi(d_o^4-d_i^4)}{32}}\times\frac{d_o}{2}=\frac{16Td_o}{\pi(d_o^4-d_i^4)} \quad \text{(식 9-6)}$$

여기에 전단에 관한 후크의 법칙을 적용하면 다음과 같은 식을 얻을 수 있다.

$$\tau=G\gamma \rightarrow \frac{G\gamma}{r}=\frac{T}{I_p} \rightarrow \gamma_{\max}=\frac{16Td_o}{G\pi(d_o^4-d_i^4)} \quad \text{(식 9-7)}$$

예제 1

아래 그림과 같이 안쪽 끝을 벽에 고정한 직경이 20mm인 원형 강봉의 끝단 외주면에 10kgf의 힘을 원주 방향으로 가했을 때 봉 내부에 발생하는 최대전단응력과 최대변형율을 구하시오.

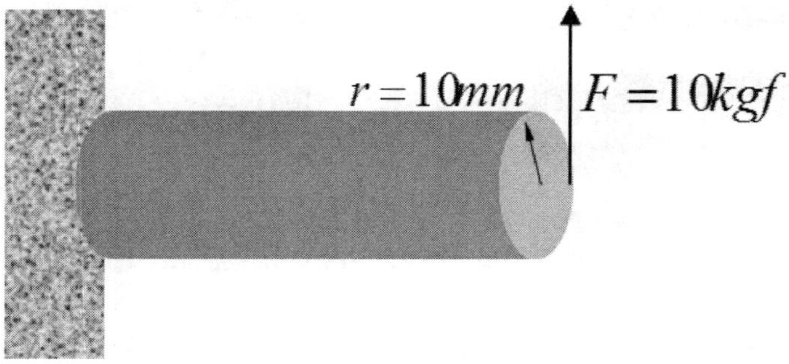

풀 이

비틀림 전단응력과 전단변형율에 관한 식을 이용하면,

$$\tau_{\max} = \frac{16T}{\pi d^3} = \frac{16 \times 10 \times 9.81 \times 0.01}{\pi \times 0.02^3} = 625kPa$$

$$\gamma_{\max} = \frac{16T}{G\pi d^3} = \frac{16T}{\frac{E}{2(1+\nu)}\pi d^3} = \frac{16 \times 10 \times 9.81 \times 0.01}{\frac{207 \times 10^9}{2(1+0.3)} \times \pi \times 0.02^3} = 7.84 \times 10^{-6}$$

9.2 비틀림하중과 재료의 파손

축이 파손될 때까지 비틀림하중을 가한 후 파손 단면을 관찰해보면, 인장하중을 가할 때 일어나는 현상과는 많이 다르다. 연성재료와 취성재료의 파손 단면이 완전히 반대 현상을 보이기 때문이다. 인장하중을 가한 경우에는 취성재료는 응력면에 평행하게 파손되었지만, 연성재료는 일정한 각도를 갖고 파손되었다. 하지만 비틀림하중을 가한 경우에는 취성재료는 응력면에 대해 일정한 각도를 갖고 파손되었으나, 연성재료는 응력면에 평행하게 파손되었다. 가해진 하중의 종류에 따라 각 재료의 파손 현상이 정반대가 되는 이유는 무엇일까? 앞에서 이미 살펴본 것처럼 연성재료는 전단응력에 약하기 때문에 비틀림 전단응력이 가해진 응력면 내에서 파손된 것이고, 취성재료는 수직응력에 약하기 때문에 수직응력이 가장 크게 나타나는 회전각에서 파손이 일어난 것이다.

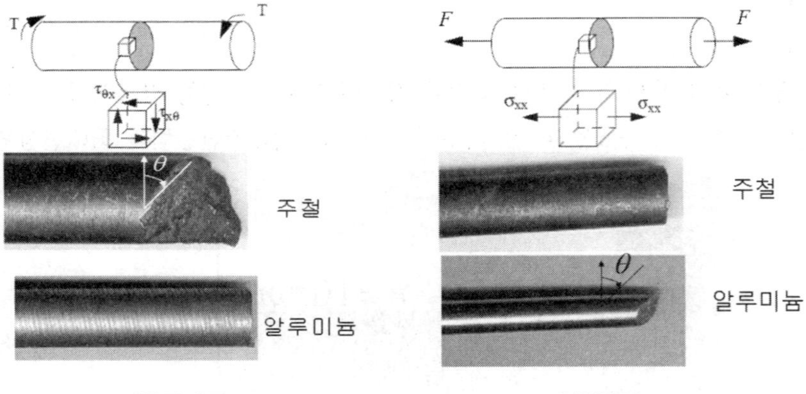

그림 9-8 외부 하중에 의한 파손 단면 차이점

그러면 비틀림하중이 가해질 경우 재료의 종류에 따른 축의 파손에 대하여 모어원을 이용하여 체계적으로 살펴보도록 하자.

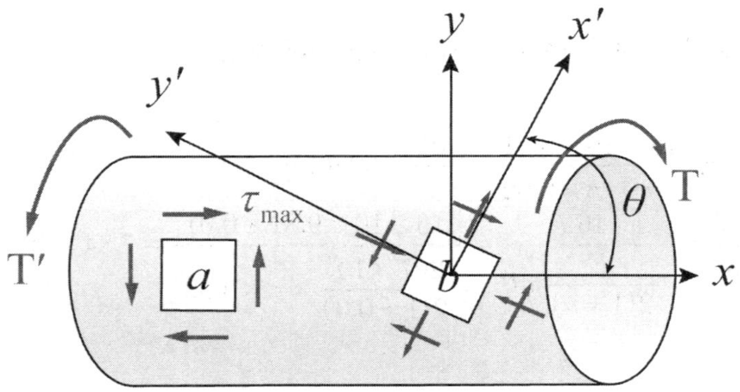

그림 9-9 비틀림하중에 따른 내부 응력의 분포

먼저 비틀림하중이 가해질 때 중실축의 내부에 발생하는 응력의 크기를 구하면,

$$\sigma_{xx} = 0$$
$$\sigma_{yy} = 0$$
$$\tau_{xy} = \frac{16T}{\pi d^3}$$

계산된 응력을 이용하여 모어원의 C와 R을 계산하면,

$$C = \frac{\sigma_{xx} + \sigma_{yy}}{2} = \frac{0+0}{2} = 0$$

$$R = \sqrt{(\frac{\sigma_{xx} - \sigma_{yy}}{2})^2 + \tau_{xy}^2} = \sqrt{(\frac{0-0}{2})^2 + (\frac{16T}{\pi d^3})^2} = \frac{16T}{\pi d^3}$$

계산된 C와 R을 이용하여 비틀림하중이 가해질 경우 모어원을 그리면 아래와 같다.

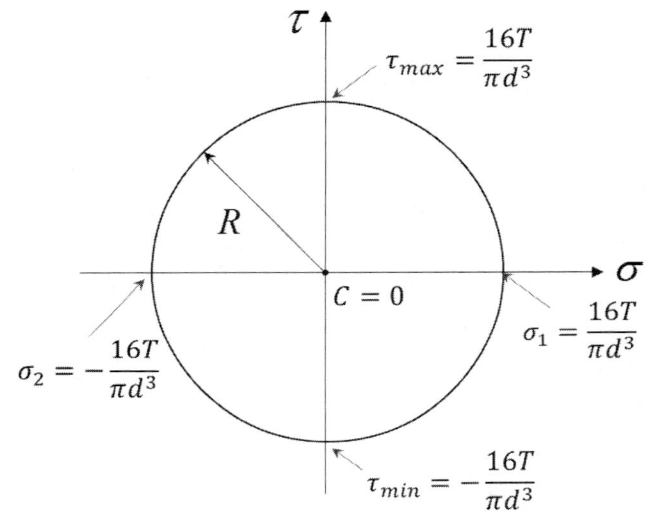

그림 9–10 비틀림하중이 가해질 경우 모어원

예제 2

아래와 같이 주철로 만든 중공축이 시계방향으로 비틀림 모멘트를 받을 때, 주철의 인장강도가 300MPa일 경우 축의 파손 유무를 판단하라.

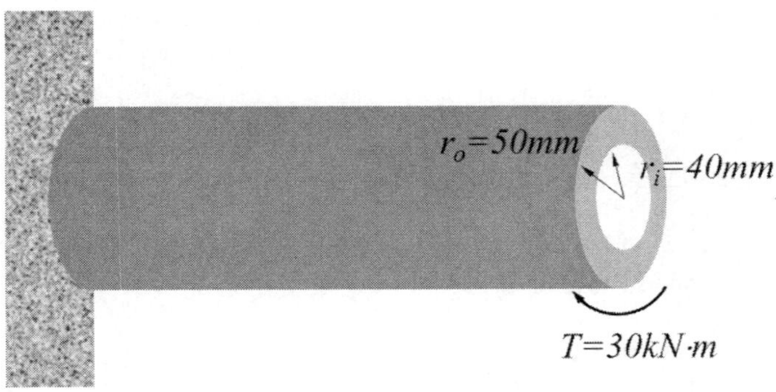

풀 이

주어진 조건을 이용하여 각 방향의 응력을 계산하면,

$$\sigma_{xx} = 0$$
$$\sigma_{yy} = 0$$
$$\tau_{xy} = \frac{16 \times (-30 \times 10^3) \times 0.1}{\pi(0.1^4 - 0.08^4)} = -259MPa$$

계산된 응력을 이용하여 C와 R을 계산하면,

$$C = \frac{\sigma_{xx} + \sigma_{yy}}{2} = \frac{0+0}{2} = 0$$
$$R = \sqrt{(\frac{\sigma_{xx} - \sigma_{yy}}{2})^2 + \tau_{xy}^2} = \sqrt{(\frac{0-0}{2})^2 + (-259)^2} = 259MPa$$

계산된 C와 R을 이용하여 모어원을 그리면 아래와 같다.

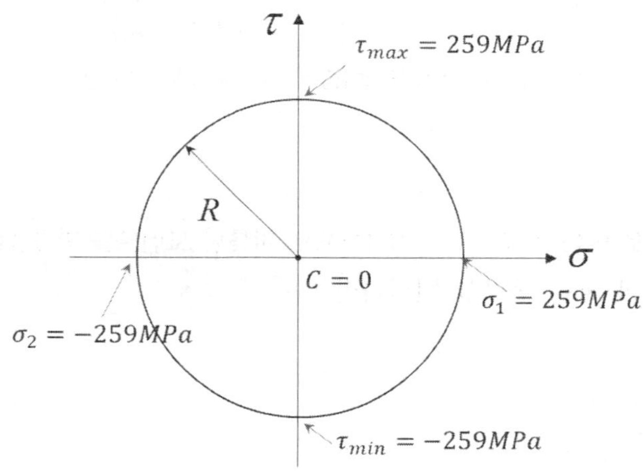

재료의 종류가 주철이므로 이는 취성재료에 해당되어 아래와 같이 파손 여부를 판단한다.

$$\sigma_1 = 259MPa < \sigma_y = 300MPa$$

모어원의 최대주응력이 재료의 항복강도보다 작으므로 파손이 일어나지 않는다.

연 습 문 제

1. 안쪽 끝을 벽에 고정한 내경이 10mm, 외경이 30mm인 중공형 강 축의 끝단 외주 면에 10kgf의 힘을 원주 방향으로 가했을 때 봉에 발생하는 최대전단응력과 최대변형율을 구하시오.

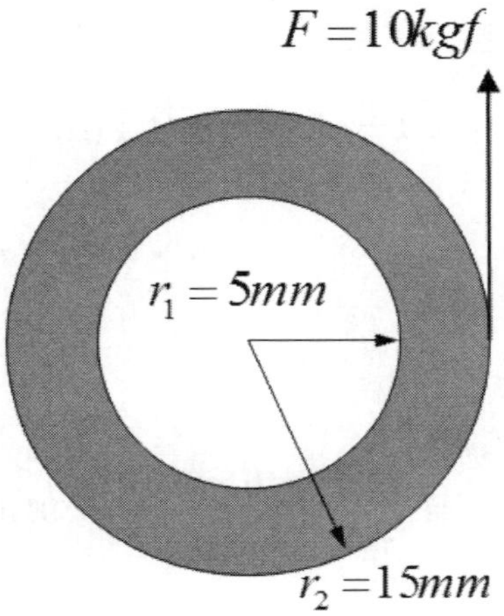

2. 지름 50mm의 알루미늄(Al)으로 만든 중실축에 9600N•m의 토크가 가해진다. Al의 항복 강도가 200MPa이라고 할 때, 축의 파손 여부를 판단하라.

문 제 풀 이

1. 중공형 강 축에 가해진 각 방향의 응력을 계산하면,

$$\tau_{\max}=\frac{16Td_o}{\pi(d_o^4-d_i^4)}=\frac{16\times10\times9.81\times0.015\times0.03}{\pi(0.03^4-0.01^4)}=281kPa$$

$$\gamma_{\max}=\frac{\tau_{\max}}{G}=\frac{\tau_{\max}}{\frac{E}{2(1+\nu)}}=\frac{281\times10^3}{\frac{207\times10^9}{2\times(1+0.3)}}=3.53\times10^{-6}$$

2. 비틀림하중이 가해지는 중실축의 각 방향의 응력을 계산하면,

$$\sigma_{xx}=0$$
$$\sigma_{yy}=0$$
$$\tau_{xy}=\frac{16T}{\pi d^3}=\frac{16\times9600}{\pi\times0.05^3}=391MPa$$

계산된 응력값을 이용하여 C와 R을 계산하면,

$$C=\frac{\sigma_{xx}+\sigma_{yy}}{2}=\frac{0+0}{2}=0$$
$$R=\sqrt{\left(\frac{\sigma_{xx}-\sigma_{yy}}{2}\right)^2+\tau_{xy}^2}=\sqrt{\left(\frac{0-0}{2}\right)^2+391^2}=391MPa$$

위에서 구한 C와 R 값을 이용하여 모어원을 그리고 최대 및 최소주응력의 위치와 값을 표시한 후 최대 및 최소전단응력의 위치와 값을 표시하면 다음과 같다.

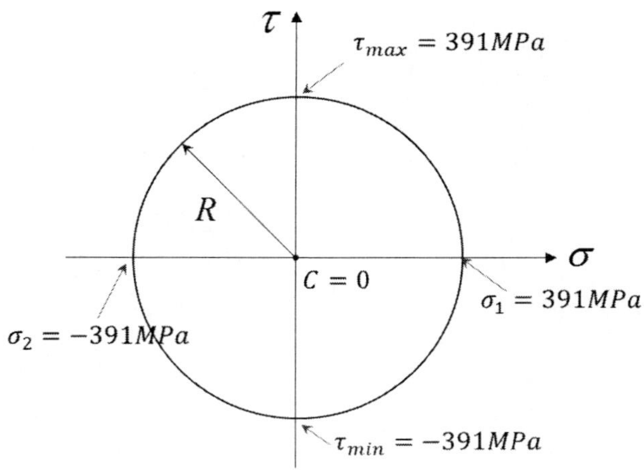

중실축의 재료는 알루미늄으로 연성재료이므로 최대전단응력과 전단 항복강도를 비교해 보아야 한다.

$$\tau_{\max} = 391MPa > \tau_y = \frac{1}{2}\sigma_y = 100MPa$$

최대전단응력의 값이 전단 항복강도보다 크기 때문에 알루미늄으로 만들어진 중공축은 파손된다.

CHAPTER

10

굽힘하중과 보

10.1 보의 종류

10.1.1 보의 정의와 실제 사례

굽힘하중은 구조물을 휘어지게 만드는 힘을 말한다. 굽힘하중이 보에 가해질 때 특히 휘어지는 현상이 더 분명하게 보인다. 보(beam)는 가늘고 긴 형상의 구조물(부재)로, 길이 방향에 수직 방향 힘이 가해지면 구조물 전체에 모멘트가 발생하게 된다.

그림 10-1 굽힘하중의 사례

10.1.2 보의 지지점

가늘고 긴 부재인 보가 휘어지는 이유는 지지점이 있어서 외부에서 가해지는 힘을 자체적으로 지지할 수 있기 때문이다. 이러한 지지점의 종류는 힌지, 롤러, 고정점으로 3가지이다.

힌지는 수직 및 수평 방향 이동이 불가능하고 회전이 가능한 특징을 갖고 있다. 그러므로 힌지의 경우 수직 및 수평 방향 반력이 생기고 모멘트 반력은 발생하지 않는다. 롤러는 평행 이동은 자유로우나 수직 이동과 회전은 불가능하다. 그러므로 롤러의 경우 수직방향 반력만 발생한다. 고정점의 경우 수직, 수평, 회전이 불가능하므로 수직, 수평, 회전 모멘트 반력이 발생하게 된다.

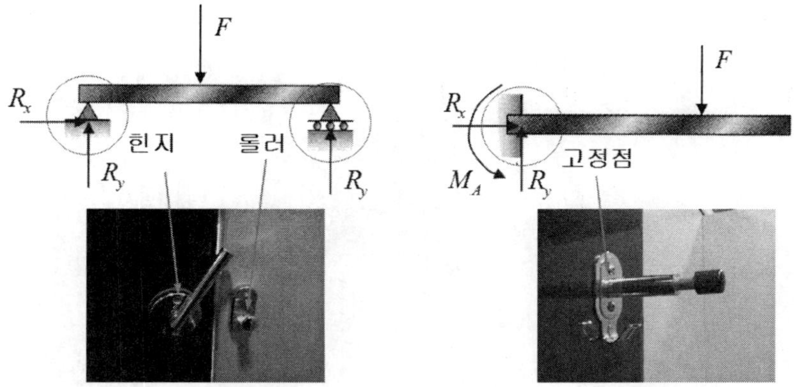

< 양단지지보 >　　　　　　< 외팔보 >

그림 10-2 지지점의 종류와 실제 사례

지지점의 종류를 이해하기 위해 화장실을 예시로 살펴보자. 화장실 문의 잠금장치는 힌지와 롤러를 대표하는 구조물이다. 위의 그림에서 잠금장치의 왼쪽은 상하좌우로 움직일 수 없지만, 회전은 가능하여 문을 잠그고 열 수 있게 해준다. 그러므로 잠금장치 왼쪽 구조물은 힌지에 해당된다. 그러나 잠금장치의 오른쪽 구조물은 그 위에 볼펜을 올려놓을 경우 좌우로 자유롭게 움직일 수 있고 회전도 가능하지만, 아래로 누르면 움직이지 않는다. 그러므로 잠금장치 오른쪽 구조물은 롤러에 해당된다고 할 수 있다. 화장실의 옷걸이는 화장실 문에 완전 고정되어 있어 상하좌우로 움직일 수 없을 뿐 아니라 회전도 할 수 없기 때문에 고정점이라고 말할 수 있다.

10.2 집중하중과 분포하중

10.2.1 보에 발생하는 하중

보를 휘어지게 하는 굽힘하중은 최종적으로 보의 단면에 모멘트를 발생시킨다. 그 과정에서 보에 수직 방향으로 가해지는 수직 하중의 종류는 집중하중과 분포하중으로 크게 두 가지로 나눌 수 있다. 집중하중(concentrated load)은 외부에서 가해지는 힘 전체가 보의 한 점에 집중되어 가해지는 힘이고, 분포하중(distributed load)은 힘 전체가 일정 길이에 나누어져 가해지는 힘이다.

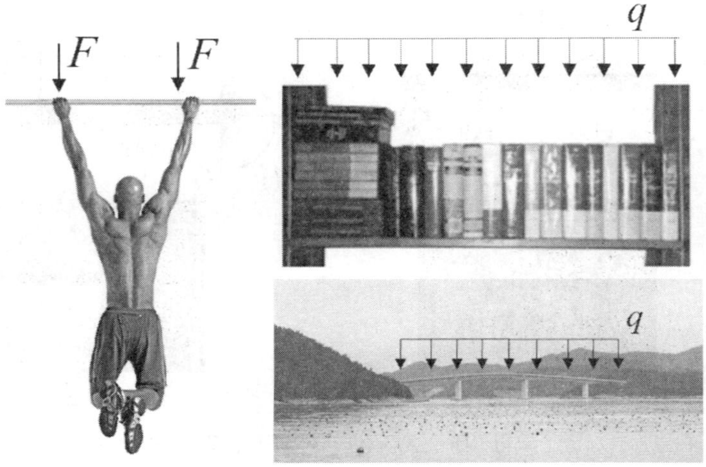

집중하중　　　　　　　　　　분포하중

그림 10-3 집중하중과 분포하중의 사례

사람이 매달린 철봉의 경우 가늘고 긴 부재에 사람의 몸무게가 손을 통해 수직 방향으로 가해지고 있으므로 보의 사례에 해당된다. 사람의 손바닥을 통해 힘이 전달되므로 국부적으로 보면 분포하중이라고 할 수 있지만, 철봉 전체로 보면 사람의 손바닥이 좁기 때문에 집중하중이라고 말할 수 있다. 또 책이 꽂혀있는 책장의 경우 가늘고 긴 부재에 책의 무게가 수직 방향으로 가해지고 있으므로 보의 사례라고 할 수 있다.

책장의 경우 책의 무게가 책장 전체에 골고루 가해지고 있으므로 분포하중이라고 말할 수 있다. 그리고 육지와 육지를 연결하는 다리의 경우 육지의 크기에 비해 다리가 가늘고 길기 때문에 보라고 할 수 있고, 다리를 구성하고 있는 콘크리트의 무게가 다리 자체에 균일하게 수직 방향으로 가해지고 있어서 분포하중이라고도 할 수 있다.

집중하중과 분포하중의 단위는 서로 다르다. 먼저 집중하중은 가해지는 힘 전체를 하나의 힘으로 표시하는 때문에 집중하중의 단위는 힘의 기본 단위 그 자체와 동일하다. 그러므로 집중하중의 단위는 N(뉴턴)이고 회전 모멘트의 경우 N · m(뉴턴 · 미터)이다. 분포하중은 그 정의가 단위 길이당 힘이기 때문에 단위는 N/m(뉴턴 퍼 미터)이다. 참고로 압력과 응력은 단위 면적당 힘이기 때문에 $Pa=N/m^2$(파스칼)로 분포하중과 다른 단위를 사용한다.

분포하중은 단위 길이당 가해지는 하중이기 때문에 분포하중을 다룰 때는 가장 먼저 분포하중을 집중하중으로 변환한 다음, 자유물체도를 그리고 평형조건을 이용하여 지지점 반력을 구해야 한다. 그러므로 분포하중을 집중하중으로 바꾸는 과정을 살펴보는 것은 중요하다.

분포하중을 집중하중으로 변환하는 방법을 간단하게 설명하면, 먼저 분포하중의 크기와 그 힘이 가해지는 길이를 곱하여 합력의 크기를 구한 다음, 분포하중이 가해지는 길이의 중심에 합력의 위치를 표시하면 된다.

그림 10-4 분포하중을 집중하중으로 변환하는 사례

10.2.2 보의 반력 계산법

보의 반력 계산 과정은 기본적으로 공업역학적 방법에 따른다. 가장 먼저 보에 대한 자유물체도를 그린다. 그 다음에 힌지/롤러/고정점을 확인한 후 해당 지지점 반력을 표시한다. 이때 롤러는 수직 반력만 표시하면 되고, 힌지는 수직 및 수평 반력을 표시하면 된다. 고정점의 경우에는 수직 및 수평 반력과 모멘트 반력까지 표시해야 한다. 마지막으로 평형조건을 적용하여 미지의 반력 및 하중에 대하여 연립방정식을 풀어 문제를 해결하면 된다.

예를 들어 아래 그림과 같은 양단지지보에 집중하중이 가해지는 문제를 생각해보자. 보의 왼쪽 지지점은 힌지이고, 오른쪽 지지점은 롤러이다. 힌지는 상하 및 좌우 지지점 반력을 표시해야 한다. 이에 비해 롤러는 상하 지지점 반력만 표시하면 된다.

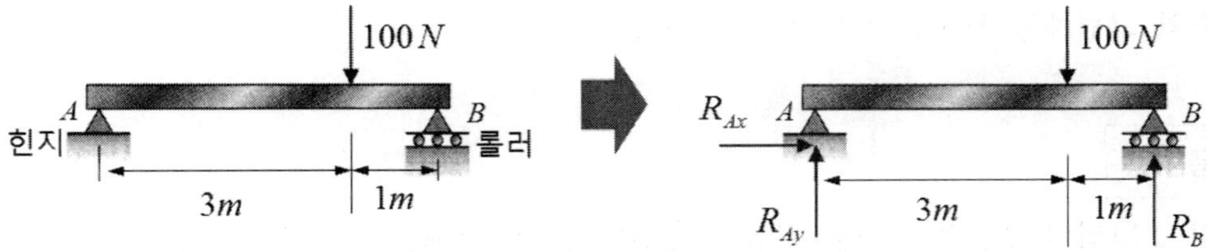

< 문제 A > < 자유물체도 및 지지점 반력 >

그림 10-5 문제 A: 집중하중이 가해지는 양단지지보의 반력 표시 사례

예제 1

위의 그림에서 표시한 문제 A에 대해 보의 반력을 구하여라.

풀 이

위의 그림의 오른쪽에 그린 자유물체도와 지지점 반력을 이용하여 평형조건을 적용하여 반력을 구하면,

$$\sum F_x = 0 : R_{Ax} = 0 \qquad \rightarrow \; R_{Ax} = 0$$
$$\sum F_y = 0 : R_{Ay} + R_B - 100 = 0 \qquad R_{Ay} = 25N$$
$$\sum M = 0 : R_B \times 4 - 100 \times 3 = 0 \qquad R_B = 75N$$

이번에는 분포하중이 가해지는 양단지지보를 생각해 보자. 전체 과정은 집중하중의 경우와 동일하지만, 다른 점은 분포하중을 집중하중으로 바꾸는 과정이 필요하다는 것이다. 그 이후는 집중하중의 경우와 동일하다.

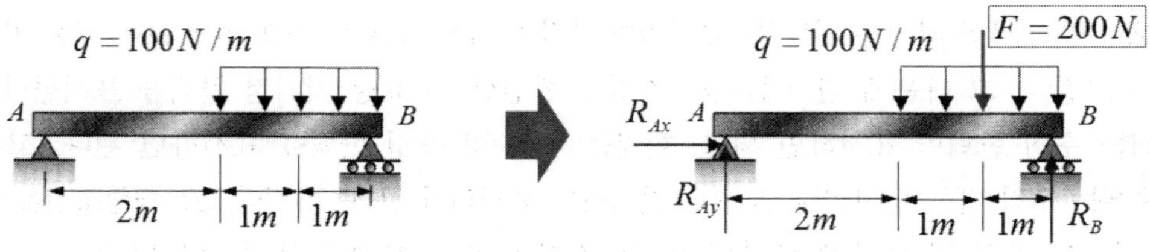

< 문제 B > < 자유물체도 및 지지점 반력 >

그림 10-6 문제 B: 분포하중이 가해지는 양단지지보의 반력 표시 사례

예제 2

위의 그림에서 표시한 문제 B에 대해 보의 반력을 구하여라.

풀 이

위의 그림의 오른쪽에 그린 자유물체도와 지지점 반력을 이용하여 평형조건을 적용하여 반력을 구하면,

$$\sum F_x = 0 : R_{Ax} = 0 \qquad \rightarrow \; R_{Ax} = 0$$
$$\sum F_y = 0 : R_{Ay} + R_B - 200 = 0 \qquad R_{Ay} = 50N$$
$$\sum M = 0 : R_B \times 4 - 200 \times 3 = 0 \qquad R_B = 150N$$

예제 3

아래 그림과 같은 외팔보의 반력을 구하여라.

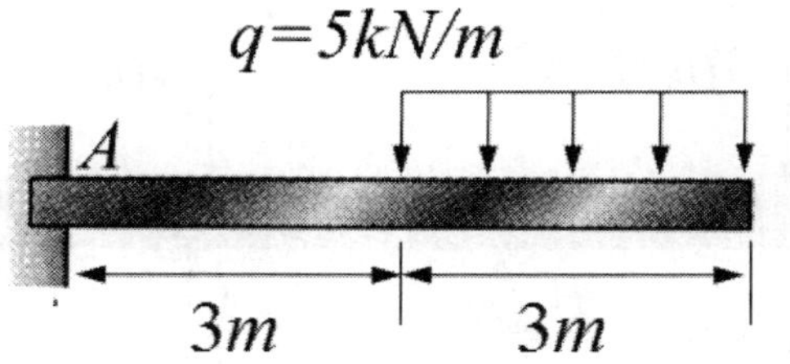

풀 이

외팔보에 분포하중이 가해진 위의 문제에 대하여 자유물체도를 그리고, 지지점 반력을 표시한 후 분포하중을 집중하중으로 변환하면,

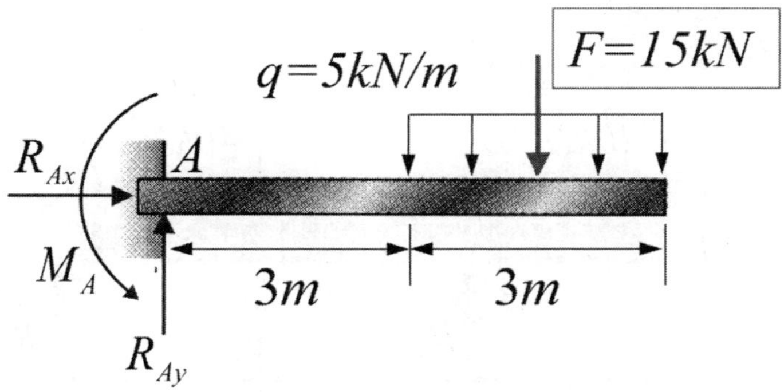

$$\sum F_x = 0 : R_{Ax} = 0$$
$$\sum F_y = 0 : R_{Ay} - 15 = 0$$
$$\sum M = 0 : M_A - 15 \times 4.5 = 0$$

위의 연립방정식을 풀면 지지점 반력을 모두 구할 수 있다.

$$R_{Ax} = 0$$
$$R_{Ay} = 15kN$$
$$M_A = 67.5kN \cdot m$$

예제 4

아래 그림과 같은 내다지보의 반력을 구하여라.

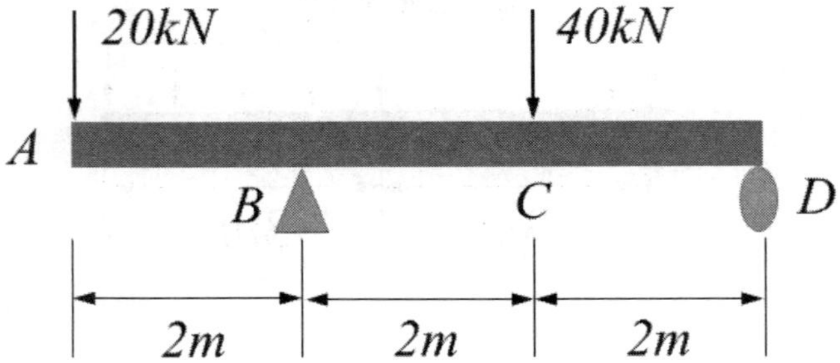

풀 이

B점(힌지에 발생하는 x-방향 반력은 0이 될 것이므로 제외)과 C점에 발생하는 반력을 포함하여 자유물체도를 그리면 다음과 같다.

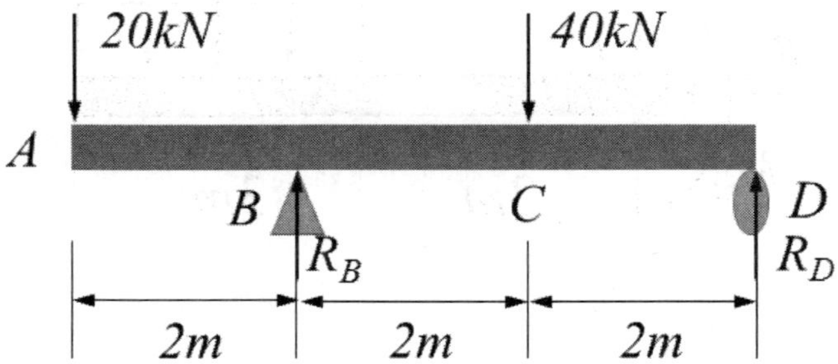

$$\sum F_y = 0 : R_B + R_D - 20 - 40 = 0$$
$$\sum M_B = 0 : R_D \times 4 + 20 \times 2 - 40 \times 2 = 0$$

위의 연립방정식을 풀면 지지점 반력을 모두 구할 수 있다.

$$R_B = 50kN$$
$$R_D = 10kN$$

10.3 전단력과 굽힘모멘트

재료역학 교과목을 배우는 이유는 구조물이 파손되지 않고 안정성을 유지할 수 있는 조건을 찾아 설계에 반영하기 위한 것이다. 그러므로 보 구조물의 역학적 분석에서도 보 구조물에서 가장 위험한 지점이 어디인지 알아보는 것이 매우 중요하다. 보 구조물에서 가장 위험한 지점을 찾는 첫 단계는 보의 각 위치별 전단력과 굽힘모멘트를 구하는 것이다. 가장 큰 전단력과 굽힘모멘트가 발생하는 위치가 가장 위험한 곳이며 그 지점에서 파손이 가장 먼저 일어날 것이라는 점은 누구나 예측할 수 있다. 그러므로 지금부터 보의 각 위치에서 전단력과 굽힘모멘트를 계산하는 방법에 대하여 살펴보기로 한다.

먼저 보에 발생하는 전단력과 굽힘모멘트가 무엇인지 살펴보면, 전단력은 보에 수직방향 힘을 가할 때 보 내부에서 발생하는 힘이며 굽힘모멘트는 보를 휘어지게 하는 모멘트로 모멘트 평형조건을 통해 구해야 한다. 보 문제를 해결하는 순서는 다음과 같이 정리할 수 있다.

* 보 문제 해결하는 순서(전단력 / 굽힘모멘트 선도 구하는 법)

1) 분포하중을 집중하중으로 변환
2) 지지점 반력 구하기
3) 구간 나누기
4) 구간별 자유물체도 그리기
5) 힘의 평형조건 적용하기
6) 전단력 선도 구하기
7) 모멘트 평형조건 적용하기(자른 단면 기준)
8) 굽힘모멘트 선도 구하기
9) 최대전단력을 이용하여 전단응력 구하기
10) 최대 굽힘모멘트를 이용하여 굽힘응력 구하기
11) 모어원을 이용하여 파손 여부 판단하기

10장에서는 1~8)까지 배워보기로 한다. 보 문제 해결하는 과정을 살펴보는 방법으로 가장 좋은 것은 실제 예제를 다루는 것이니 예제 문제를 통하여 지금부터 설명할 것이다.

예제 5

아래 그림과 같이 집중하중이 가해지는 양단지지보에 발생하는 전단력 및 굽힘모멘트 선도를 그리시오.

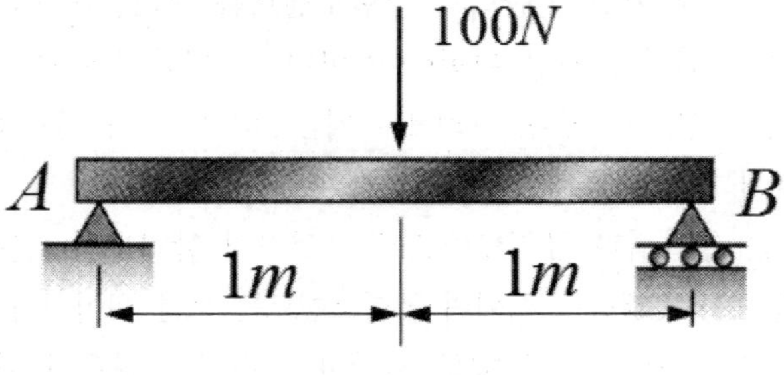

풀 이

이 문제에서는 분포하중이 없으므로 2단계 지지점 반력을 구하는 것부터 진행한다.

2단계: 지지점 반력 구하기

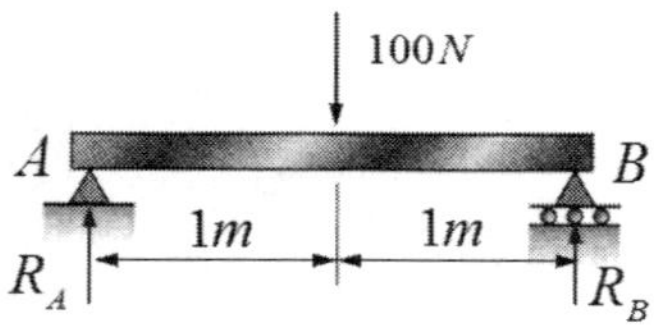

$$\sum F_y = 0 : R_A + R_B - 100 = 0 \qquad R_B = 50N$$

$$\sum M_A = 0 : R_B \times 2 - 100 \times 1 = 0 \qquad R_A = 50N$$

평형조건을 적용하여 지지점 반력을 구하는 것은 앞에서 배운 내용과 동일하다.

3~5, 7단계: 구간 나누어 평형조건 적용

$0 \le x < 1$

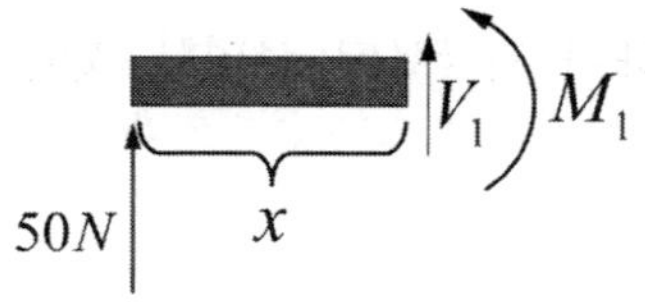

$$\sum F_y = 0 : V_1 + 50 = 0 \qquad V_1 = -50N$$

$$\sum M = 0 : M_1 - 50x = 0 \qquad M_1 = 50x$$

$1 \le x \le 2$

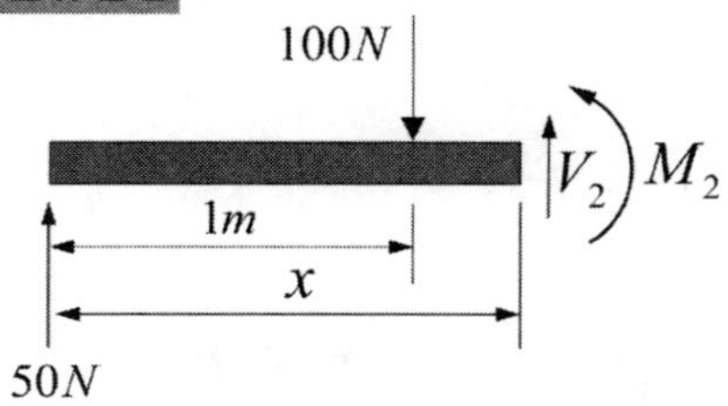

$$\sum F_y = 0 : V_2 + 50 - 100 = 0$$
$$\sum M = 0 : M_2 - 50x + 100(x-1) = 0$$

$$V_2 = 50N$$
$$M_2 = -50x + 100$$

구간을 나누는 방법은 지지점이 있거나 힘이 있는 지점이 있으면 구간을 나누어야 한다. 이 문제의 경우 지지점은 A와 B이고 힘이 가해지는 지점은 중앙점 1개뿐이므로 결국 구간은 0~1m 구간, 1~2m 구간의 2개 구간으로 나누면 된다.

그 다음 단계는 각 구간별로 자유물체도를 그리는 것이다. 이때 주의해야 할 점은 가장 왼쪽에서부터 차례대로 자유물체도를 그리는 것이다. 0~1m 구간을 예를 들면, 위의 그림에서 보는 것과 같이 0m 지점에 지지점 반력 50N을 표시하고 0~1m 사이 임의의 단면을 잡고 그 길이를 x로 정한다. 그리고 x 지점의 단면에 전단력 V_1와 모멘트 M_1이 가해진다고 표시하면 된다. 물론 V_1와 M_1의 방향은 모두 (+)로 잡아준다. 그 다음에는 평형조건을 적용하여 V_1과 M_1을 계산하면 된다.

두 번째 구간의 경우에는 1~2m 구간 사이에 임의의 위치를 정하고 그 위치를 x라고 정한 다음 자유물체도를 그리는데, 이때 주의할 것은 0~1m 구간을 포함하여 모두 그려야 한다는 것이다. 이 방법에 따라 그리면 위의 그림과 같이 A점의 지지점 반력 50N과 중앙 지점의 100N의 힘을 표시하게 된다. 그리고 임의로 정한 x 지점의 단면에 V_2와 M_2가 가해진다고 표시를 한 후 평형조건을 적용하여 V_2와 M_2를 모두 구하면 된다. 물론 V_2와 M_2의 방향은 모두 (+)로 잡아준다.

집중하중을 다룬 이 문제의 경우 전단력과 모멘트를 구한 결과를 살펴보면, 전단력은 상수로 나오지만 모멘트는 x에 관한 1차 함수로 나오는 것을 알 수 있다. 이 결과를 이용하여 x에 관한 그래프를 그리면 다음과 같다.

6/8 단계: 전단력 및 굽힘모멘트 선도 그리기

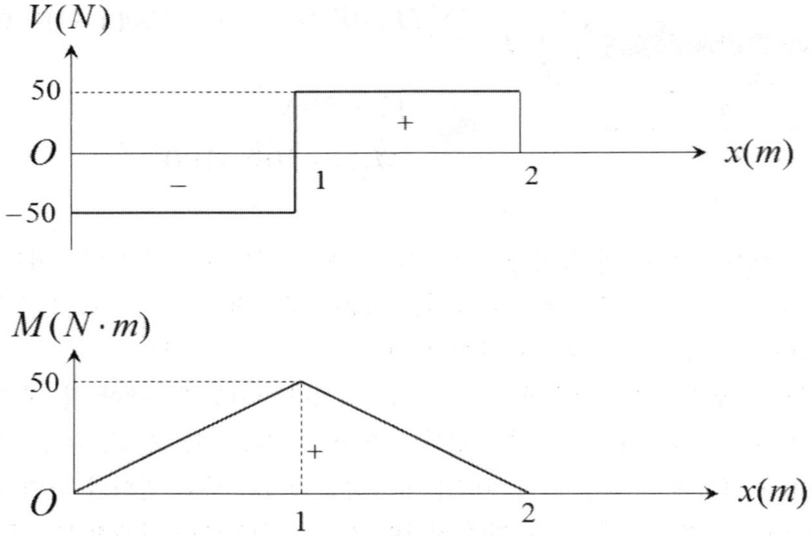

그림 10-7

전단력 선도와 굽힘모멘트 선도를 그린 결과를 보면 모든 구간에 대하여 전단력의 절대값은 동일한 것에 비해 굽힘모멘트의 경우에는 중앙 지점 값이 가장 크다는 것을 알 수 있다. 그러므로 보는 중앙 지점에서 가장 먼저 파손이 일어날 것으로 예측할 수 있다.

예제 6

아래 그림과 같이 집중하중이 가해지는 외팔보에 발생하는 전단력 및 굽힘모멘트 선도를 그리시오.

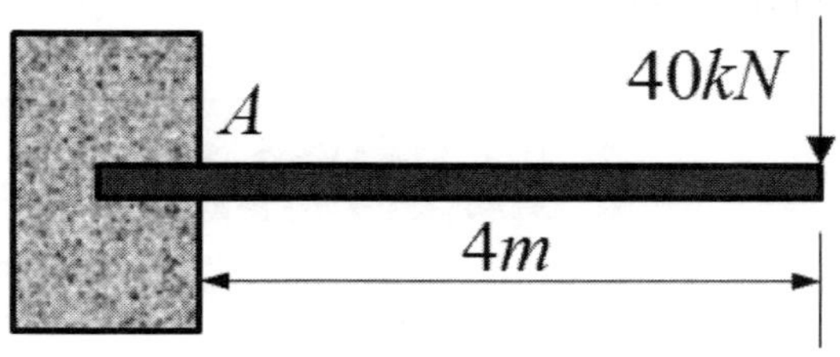

풀 이

이 문제에서는 분포하중이 없으므로 2단계 지지점 반력을 구하는 것부터 진행한다.

2단계: 지지점 반력 구하기

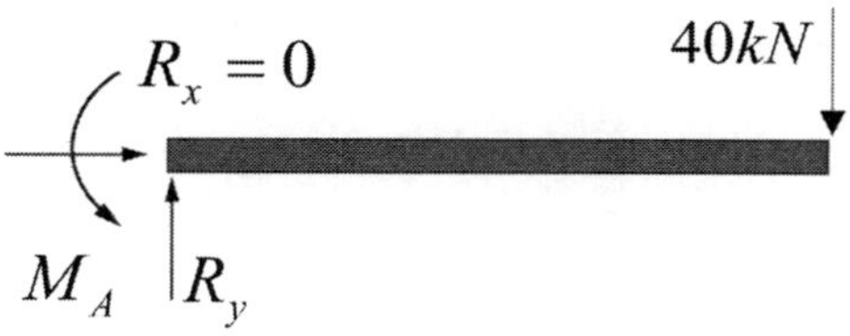

$$\sum F_y = 0 : R_y - 40 = 0$$
$$\sum M_A = 0 : M_A - 40 \times 4 = 0$$

$$R_y = 40kN$$
$$M_A = 160kN \cdot m$$

구간을 나누는 방법에 대해 앞에서 배운 방법대로 수행하면 구간은 1개만 나누면 된다. 그 다음 단계는 각개 구간에 대해 자유물체도를 그리는 것이다. 0~4m 구간을 나누고 위의 그림에서 보는 것과 같이 0m 지점에 지지점 반력을 표시하고 0~4m 사이 임의의 단면을 잡고 그 길이를 x로 정한다. 그리고 x 지점의 단면에 전단력 V_1와 모멘트 M_1이 가해진다고 표시하면 된다. 그 다음에는 평형조건을 적용하여 V_1과 M_1을 계산하면 된다.

3~5, 7단계: 구간 나누어 평형조건 적용

$0 \le x \le 4$

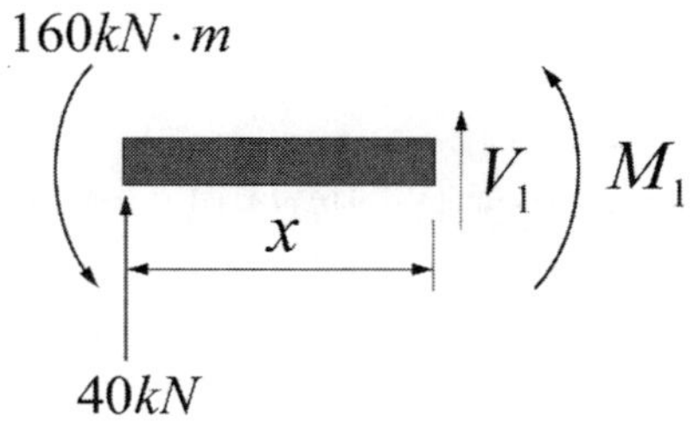

$$\sum F_y = 0 : V_1 + 40 = 0$$
$$\sum M = 0 : M_1 + 160 - 40x = 0$$

$$V_1 = -40kN$$
$$M_1 = 40x - 160$$

외팔보에 집중하중이 가해진 이 문제의 경우 전단력과 모멘트를 구한 결과를 살펴보면, 전단력은 상수로 나오지만 모멘트는 x에 관한 1차 함수로 나오는 것을 알 수 있다. 이 결과를 이용하여 x와 y에 관한 그래프를 그리면 다음과 같다.

6/8 단계: 전단력 및 굽힘모멘트 선도 그리기

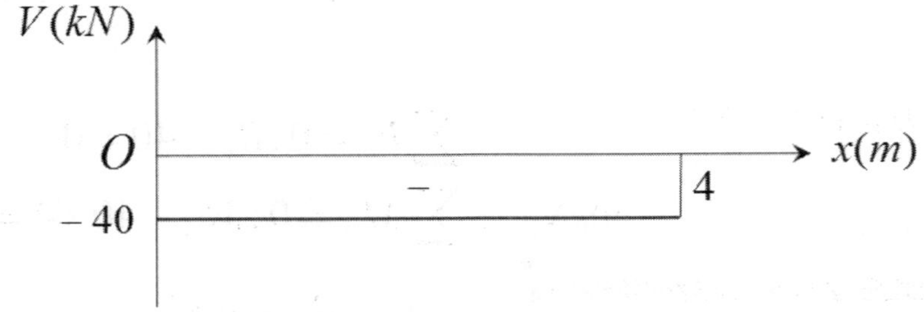

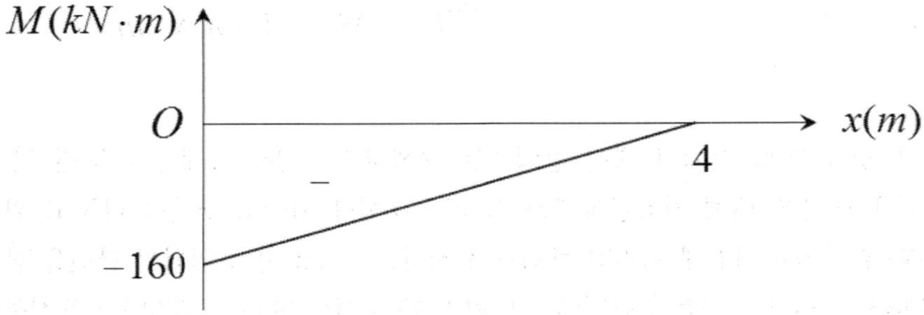

전단력 선도와 굽힘모멘트 선도를 그린 결과를 보면 굽힘모멘트가 왼쪽 지점 값이 가장 크다는 것을 알 수 있으므로 외팔보는 고정점에서 가장 먼저 파손이 일어날 것으로 예측할 수 있다.

예제 7

아래 그림과 같이 분포하중이 가해지는 양단지지보에 발생하는 전단력 및 굽힘모멘트 선도를 그리시오.

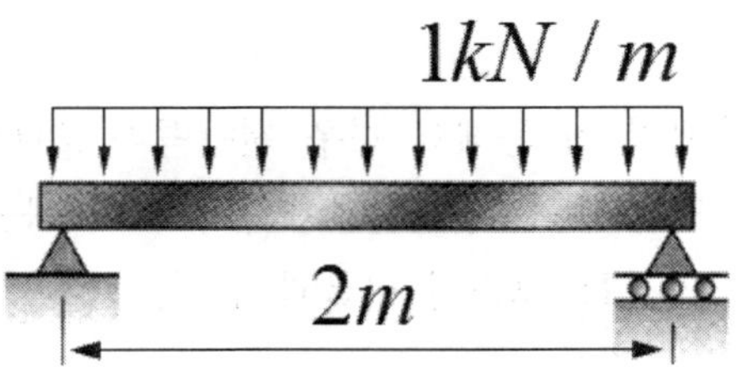

풀 이

이 문제에서는 분포하중이 있으므로 1단계 분포하중을 집중하중으로 변환하는 것부터 시작한다.

1/2단계: 분포하중 변화 및 지지점 반력 구하기

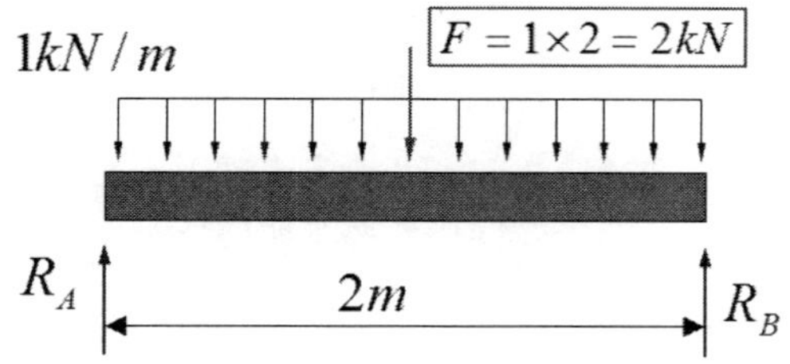

$$\sum F_y = 0 : R_A + R_B - 2 = 0$$

$$\sum M_A = 0 : R_B \times 2 - 2 \times 1 = 0$$

$$R_B = 1kN$$

$$R_A = 1kN$$

구간을 나누는 방법에 대해 앞에서 배운 방법대로 수행하면 구간은 1개만 나누면 된다. 분포하중을 집중하중으로 변환한 결과 생긴 F에 대해서는 가상의 힘이기 때문에 고려하지 않는다. 그 다음 단계는 각개 구간에 대해 자유물체도를 그린다. 0~2m 구간을 나누고 위의 그림에서 보는 것과 같이 0m 지점에 지지점 반력을 표시하고 0~2m 사이 임의의 단면을 잡고 그 길이를 x로 정한다. 그리고 x 지점의 단면에 전단력 V_1와 모멘트 M_1이 가해진다고 표시하면 된다. 그 다음에는 평형조건을 적용하여 V_1과 M_1을 계산하면 된다.

3~5, 7단계: 구간 나누어 평형조건 적용

$0 \le x \le 2$

주의) 구간 나눈 상태에서도 분포하중을 집중하중으로 다시 나누어 주어야 함

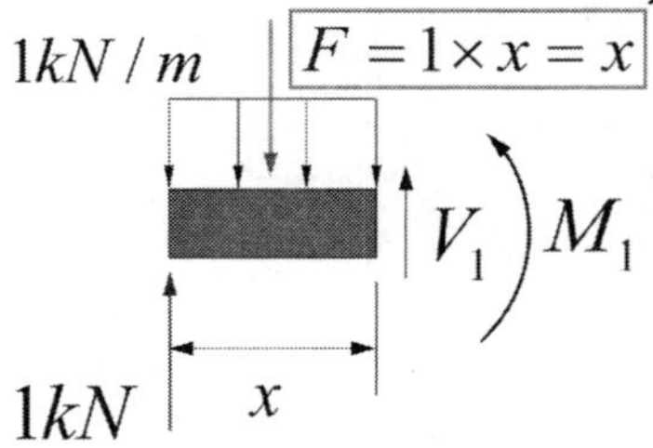

$$\sum F_y = 0 : V_1 + 1 - x = 0$$

$$\sum M = 0 : M_1 - 1 \times x + x \times \frac{x}{2} = 0$$

$$V_1 = x - 1$$

$$M_1 = -\frac{x^2}{2} + x$$

$$M_1 = -\frac{1}{2}(x^2 - 2x + 1 - 1)$$

$$= -\frac{1}{2}(x-1)^2 + \frac{1}{2}$$

분포하중을 다룬 이 문제의 경우 전단력과 모멘트를 구한 결과를 살펴보면, 전단력은 x에 관한 1차 함수로 나오지만 모멘트는 x에 관한 2차 함수로 나오는 것을 알 수 있다. 2차 함수는 꼭짓점을 정확하게 표시하기 위하여 제곱 형태로 변환해야 하는데, 그 결과를 반영하여 x에 관한 그래프를 그리면 다음과 같다.

6/8 단계: 전단력 및 굽힘모멘트 선도 그리기

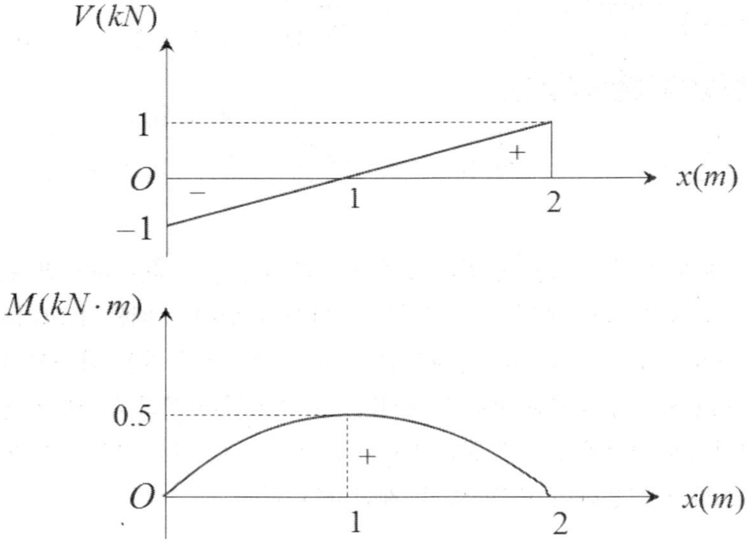

전단력 선도와 굽힘모멘트 선도를 그린 결과를 보면 전단력의 경우 양쪽 끝단이 가장 크고 굽힘모멘트의 경우 중앙점에서 가장 크다는 것을 알 수 있다. 그러나 나중에 알게 되겠지만 일반적인 경우 전단력은 굽힘모멘트에 비해 보의 파손에 미치는 영향이 매우 작으므로 보의 중앙 지점이 가장 위험하므로 중앙 지점에서 가장 먼저 파손이 일어날 것으로 예측할 수 있다.

예제 8

아래 그림과 같이 분포하중이 가해지는 외팔보에 발생하는 전단력 및 굽힘모멘트 선도를 그리시오.

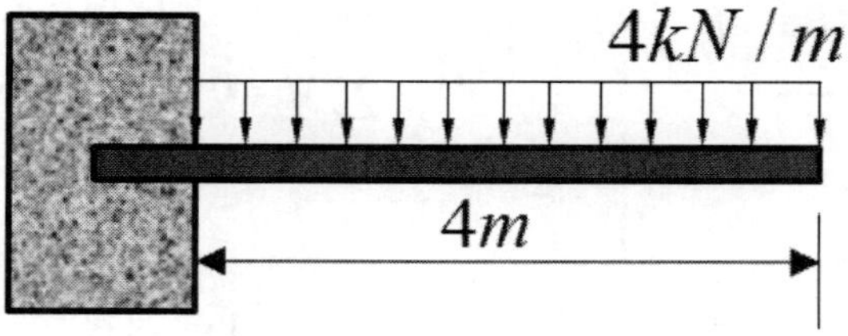

풀 이

이 문제에서는 분포하중이 있으므로 1단계 분포하중을 집중하중으로 변환하는 것부터 시작한다.

1/2단계: 분포하중 변화 및 지지점 반력 구하기

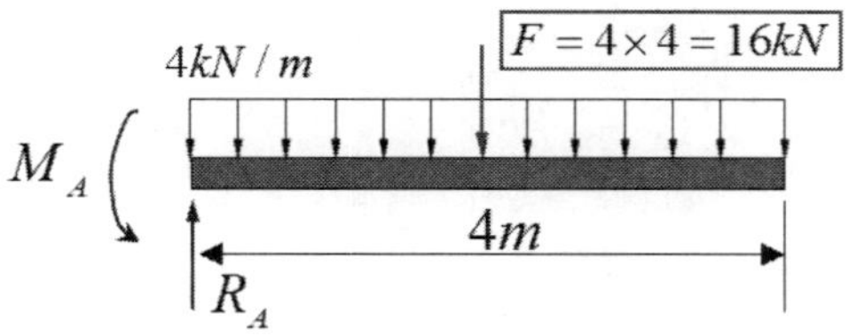

$$\sum F_y = 0 : R_A - 16 = 0$$
$$\sum M_A = 0 : M_A - 16 \times 2 = 0$$

$$R_A = 16kN$$
$$M_A = 32kN \cdot m$$

구간을 나누는 방법에 대해 앞에서 배운 방법대로 수행하면 구간은 1개만 나누면 된다. 분포하중을 집중하중으로 변환한 결과 생긴 F에 대해서는 가상의 힘이기 때문에 고려하지 않는다. 그 다음 단계는 각개 구간에 대해 자유물체도를 그린다. 0~4m 구간을 나누고 위의 그림에서 보는 것과 같이 0m 지점에 지지점 반력을 표시하고 0~4m 사이 임의의 단면을 잡고 그 길이를 x로 정한다. 그리고 x 지점의 단면에 전단력 V_1와 모멘트 M_1이 가해진다고 표시하면 된다. 그 다음에는 평형조건을 적용하여 V_1과 M_1을 계산하면 된다.

3~5, 7단계: 구간 나누어 평형조건 적용

$0 \le x \le 4$

주의) 구간 나눈 상태에서도 분포하중을 집중하중으로 다시 나누어 주어야 함

$F = 4 \times x = 4x$

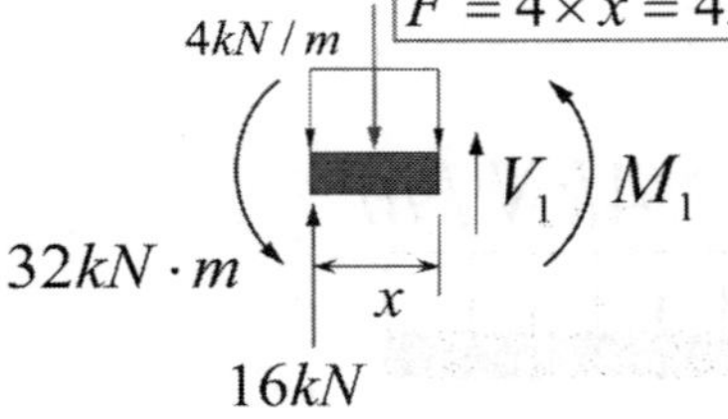

$$\sum F_y = 0 : V_1 + 16 - 4x = 0$$

$$\sum M = 0 : M_1 + 32 - 16 \times x + 4x \times \frac{x}{2} = 0$$

$$V_1 = 4x - 16$$

$$M_1 = -2x^2 + 16x - 32$$

$$M_1 = -2(x^2 - 8x + 16 - 16) - 32$$
$$= -2(x-4)^2$$

분포하중을 다룬 이 문제의 경우 전단력과 모멘트를 구한 결과를 살펴보면, 전단력은 x에 관한 1차 함수로 나오지만 모멘트는 x에 관한 2차 함수로 나오는 것을 알 수 있다. 2차 함수는 꼭짓점을 정확하게 표시하기 위하여 제곱 형태로 변환해야 하는데 그 결과를 반영하여 x에 관한 그래프를 그리면 다음과 같다.

6/8 단계: 전단력 및 굽힘모멘트 선도 그리기

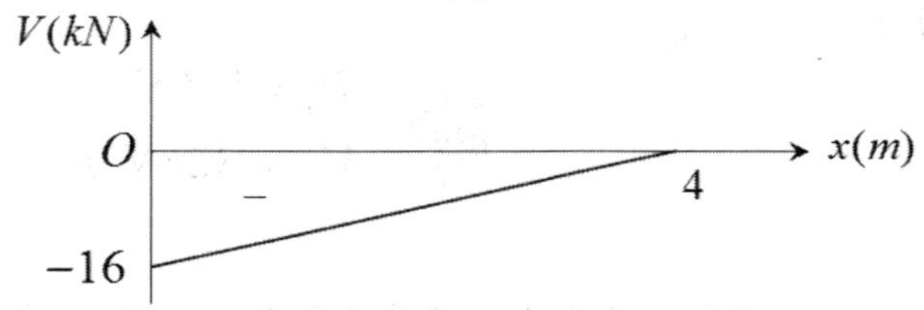

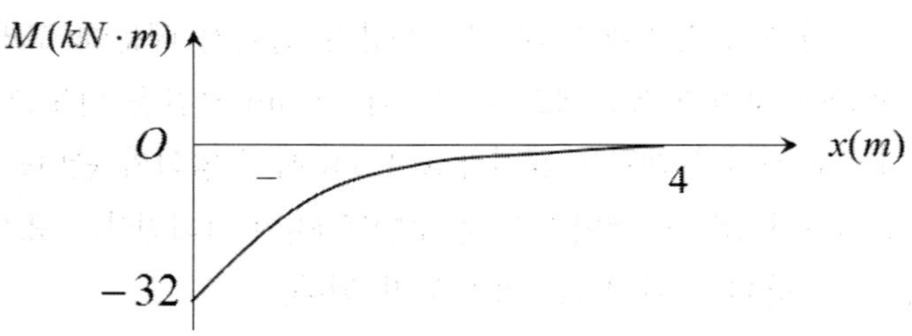

전단력 선도와 굽힘모멘트 선도를 그린 결과를 보면 전단력과 굽힘모멘트의 경우 모두 외팔보의 왼쪽 고정점에서 가장 크다는 것을 알 수 있다. 그러므로 외팔보는 왼쪽 지점에서 가장 먼저 파손이 일어날 것으로 예측할 수 있다.

연 습 문 제

1. 아래 그림과 같이 분포하중이 가해지는 양단지지보에 발생하는 전단력 및 굽힘모멘트 선도를 그리시오.

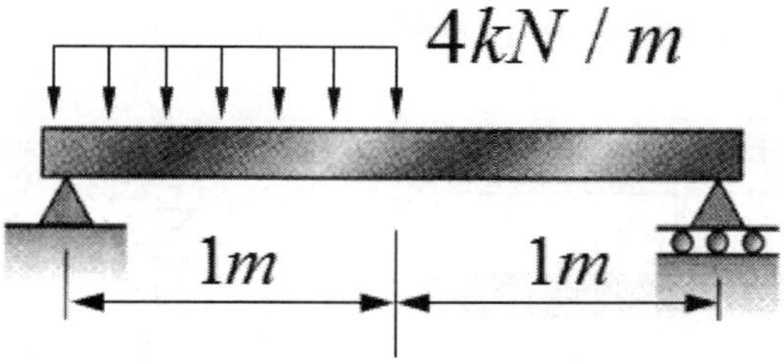

문 제 풀 이

1. 이 문제에서는 분포하중이 있으므로 1단계 분포하중을 집중하중으로 변환하는 것부터 시작한다.

1/2단계: 분포하중 변화 및 지지점 반력 구하기

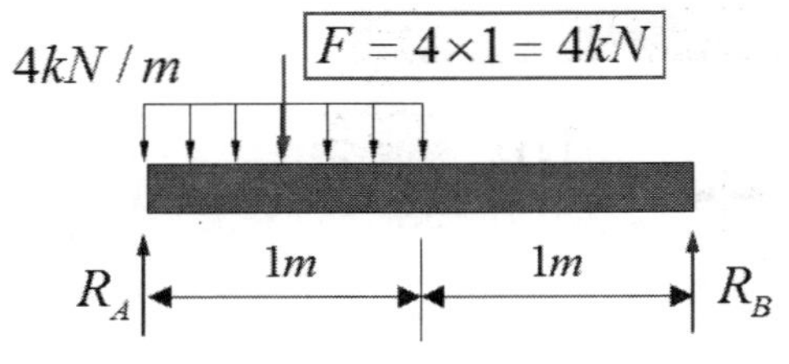

$$\sum F_y = 0 : R_A + R_B - 4 = 0$$
$$\sum M_A = 0 : R_B \times 2 - 4 \times 0.5 = 0$$

$$R_B = 1kN$$
$$R_A = 3kN$$

앞에서 배운 대로 구간을 나누는 방법을 수행하면 구간은 2개만 나누면 된다. 분포하중을 집중하중으로 변환한 결과 생긴 F에 대해서는 가상의 힘이기 때문에 고려하지 않는다. 그 다음 단계는 각 구간에 대해 자유물체도를 그린다. 0~1m 구간을 나누고 위의 그림에서 보는 것과 같이 0m 지점에 지지점 반력을 표시하고, 0~1m 사이 임의의 단면을 잡은 다음 그 길이를 x로 정한다. 그리고 x 지점의 단면에 전단력 V_1와 모멘트 M_1이 가해진다고 표시하면 된다. 그 다음에는 평형조건을 적용하여 V_1과 M_1을 계산하면 된다.

$0 \le x < 1$

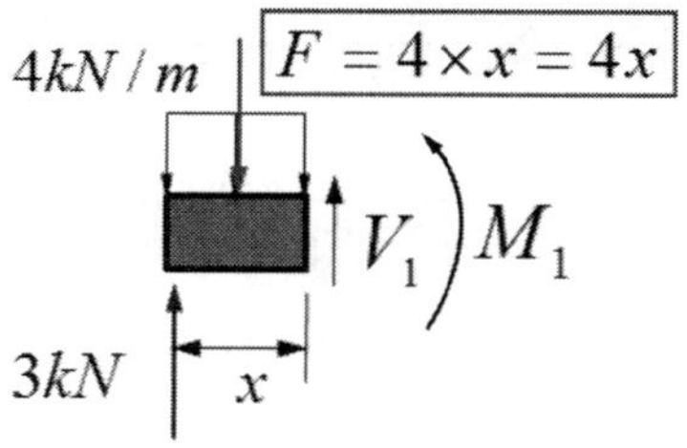

$$\sum F_y = 0 : V_1 + 3 - 4x = 0$$

$$\sum M = 0 : M_1 - 3 \times x + 4x \times \frac{x}{2} = 0$$

$$\Rightarrow \quad V_1 = 4x - 3, \quad M_1 = -2x^2 + 3x$$

$1 \le x \le 2$

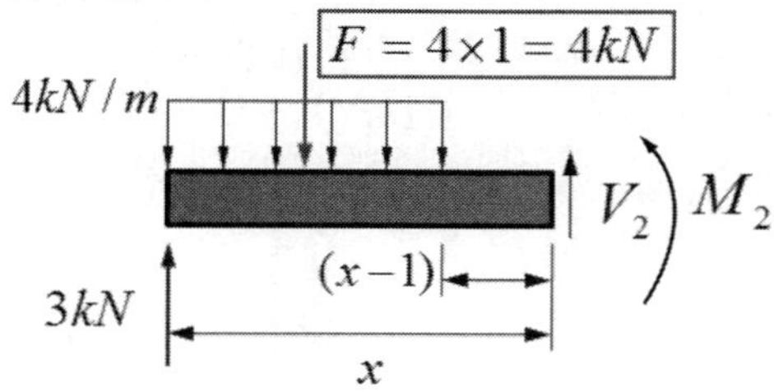

$$\sum F_y = 0 : V_2 + 3 - 4 = 0$$

$$\sum M = 0 : M_2 - 3 \times x + 4 \times \left(x - \frac{1}{2} \right) = 0$$

$$\Rightarrow \quad V_2 = 1kN, \quad M_2 = -x + 2$$

두 번째 구간의 경우에는 1~2m 구간 사이에 임의의 위치를 정하고 그 위치를 x라고 정한 다음 자유물체도를 그리는데, 이때 주의할 것은 0~1m 구간을 포함하여 모두 그려야 한다는 것이다. 그리면 위의 그림과 같이 A점의 지지점 반력 3kN과 분포하중 전체 힘을 표시하게 된다. 그리고 임의로 정한 x 지점의 단면에 V_2와 M_2가 가해진다고 표시를 한 후 평형조건을 적용하여 V_2와 M_2를 모두 구하면 된다. 물론 V_2와 M_2의 방향은 모두 (+)로 잡아준다.

분포하중을 다룬 이 문제의 경우 전단력과 모멘트를 구한 결과를 살펴보면, 1구간에서는 전단력은 x에 관한 1차 함수, 굽힘모멘트는 x에 관한 2차 함수로 나타난다. 이에 비해 2구간에서는 전단력의 경우 상수로 나오지만 모멘트는 x에 관한 1차 함수로 나오는 것을 알 수 있다. 그 이유는 2구간의 경우 분포하중이 존재하지 않아 마치 집중하중만 있는 것처럼 작동하기 때문이다. 이 결과를 이용하여 x에 관한 그래프를 그리면 다음과 같다.

3~5, 7단계: 구간 나누어 평형조건 적용

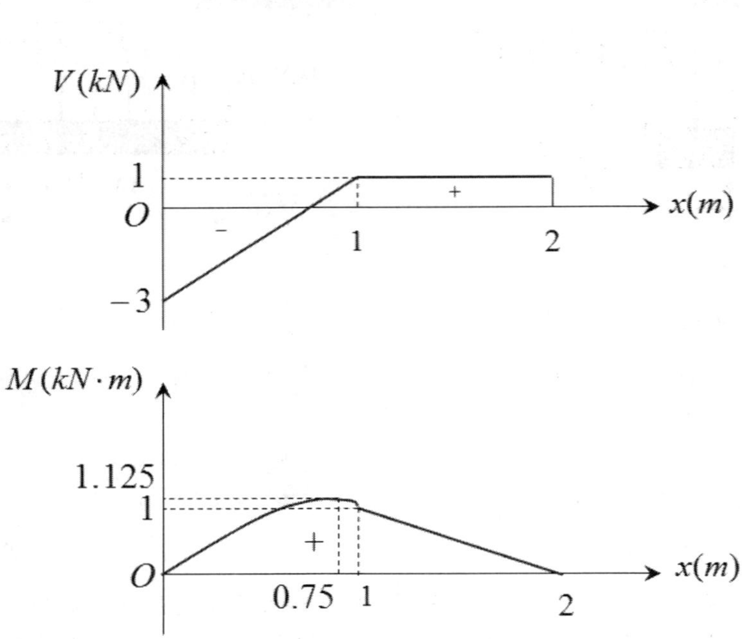

전단력 선도와 굽힘모멘트 선도를 그린 결과를 보면 전단력의 경우 양쪽 끝단이 가장 크고 굽힘모멘트의 경우 0.75m 지점에서 가장 크다는 것을 알 수 있다. 그러나 나중에 알게 되겠지만 일반적인 경우 전단력은 굽힘모멘트에 비해 보의 파손에 미치는 영향이 매우 작으므로 보의 왼쪽에서 0.75m 지점이 가장 위험하므로 그 위치에서 가장 먼저 파손이 일어날 것으로 예측할 수 있다.

CHAPTER 11

보의 응력과 파손

11.1 보의 순수굽힘 상태

보의 길이에 수직 방향으로 힘이 가해질 경우 보에는 굽힘하중뿐만 아니라 전단하중도 발생한다. 그러므로 보에 발생하는 내부 응력을 제대로 분석하기 위해서는 굽힘하중과 전단하중을 분리하여 굽힘하중에 의한 굽힘응력과 전단하중에 의한 전단응력을 따로 분석하는 것이 편리하다. 그러므로 지금부터 굽힘하중만 발생하는 구간을 따로 분리하여 보에 발생하는 굽힘응력을 분석할 것이다.

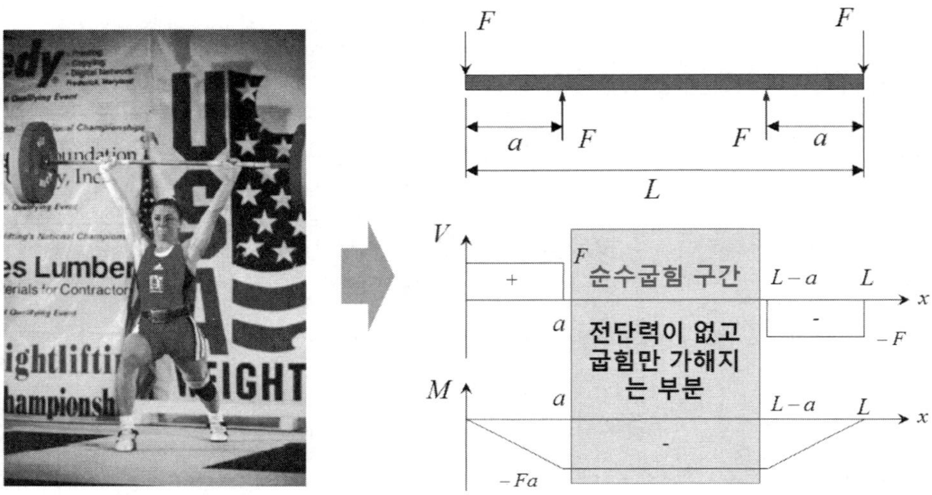

그림 11-1 순수굽힘 상태의 사례

보의 길이에 수직 방향으로 힘이 가해질 경우 굽힘하중과 전단하중이 동시에 발생하는 경우가 많은데 일부 구간에 대해서는 전단하중이 가해지지 않고 굽힘하중만 발생하는 경우가 있다. 이러한 구간에 대해 보의 순수굽힘 상태라고 한다. 순수굽힘하중 상태에서 보의 내부에 발생하는 응력을 분석하기 위해 다음과 같이 몇 가지 합리적인 가정을 한다.

첫째, 보의 횡단면은 굽힘변형 후에도 평면을 그대로 유지한다. 만약 굽힘변형 후에 평면을 유지하지 못하면 단면에 발생하는 응력 및 변형율 분석이 매우 어려워질 것이다. 둘째, 보의 횡단면은 변형 후에도 축선과 직교한다. 만약 횡단면이 변형 후 축선과 직교하지 않으면 보의 변형 중심 축선이 보의 위치에 따라 변하기 때문에 응력 및 변형율 분석에 큰 어려움이 발생한다. 셋째, 하중은 횡단면의 도심을 통과한다고 가정한다. 만약 하중이 회단면의 도심을 통과하지 않으면 보에는 비틀림하중도 발생하기 때문에 굽힘하중에 의한 순수한 굽힘응력 분석에 어려움이 있다.

그러므로 위의 세 가지 가정은 꼭 필요하며 실제 발생하는 현상에 크게 벗어나지 않는 합리적인 가정이다.

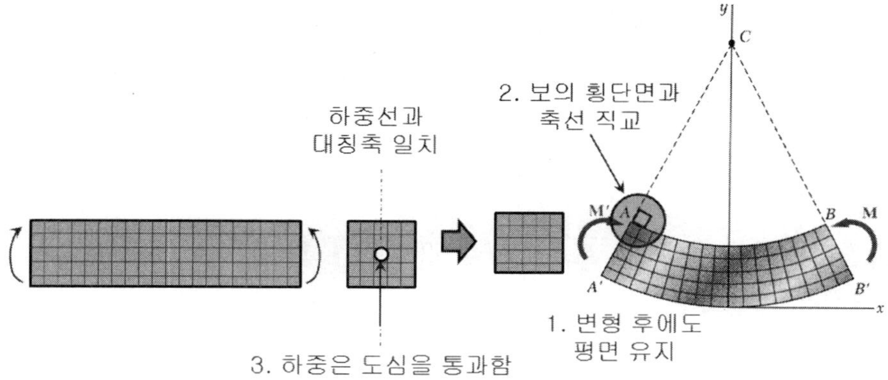

그림 11-2 순수굽힘 상태에 대한 가정

11.2 보에 발생하는 굽힘응력과 변형율

순수굽힘 상태에 대한 가정 하에서 굽힘하중이 가해진 실제 사례를 관찰해보면 몇 가지 중요한 사실을 알 수 있다.

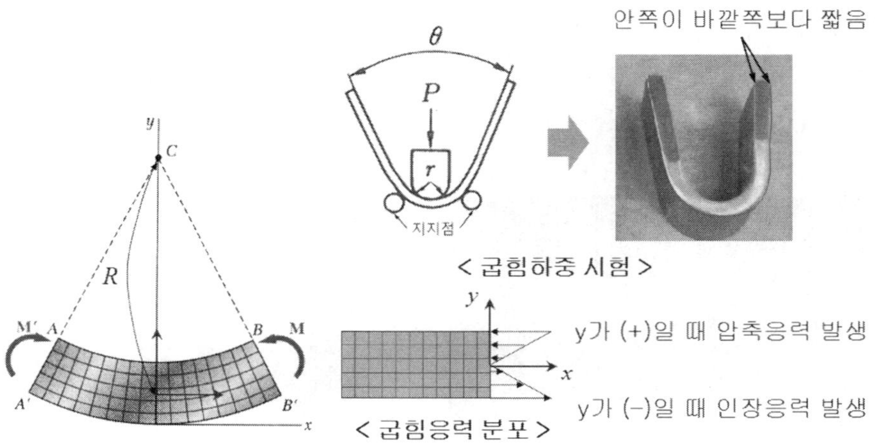

그림 11-3 실제 사례를 통해 본 보의 굽힘응력 분포

보가 굽힘하중에 의해 휘어지면 보의 안쪽 길이는 초기 길이에 비해 줄어들고, 바깥쪽 길이는 늘어나는 것을 알 수 있다. 이로부터 보의 안쪽은 압축응력이, 보의 바깥쪽은 인장응력이 발생한다는 것을 예상할 수 있다. 게다가 보의 높이에 따른 안쪽 길이의 증가율이 비례한다는 것을 알게 되었는데, 안쪽 길이의 증가율은 변형율과 연관성이 있고 변형율은 응력과 연관성이 있으므로 결국 보의 높이와 응력의 증감율은 비례 관계에 있다는 결과를 얻을 수 있다. 이를

이용하여 보에 발생하는 굽힘응력에 관한 식을 정리하면 다음과 같다.

$$\frac{\sigma_{xx}}{y} = -\frac{M}{I_{zz}} \qquad \text{(식 11–1)}$$

변형율을 계산하기 위해서는 위에서 구한 응력과 후크의 법칙을 이용할 수 있다.

$$\epsilon_{xx} = \frac{\sigma_{xx}}{E} \qquad \text{(식 11–2)}$$

굽힘하중이 가해지는 구조물의 안정성을 판단하기 위해서는 보의 단면에서 발생하는 가장 큰 응력을 계산하는 것이 필요하므로 최대굽힘응력을 구하면 다음과 같다.

$$(\sigma_{xx})_{\max} = \frac{M_{\max}}{I_{zz}} \times y_{\max} \qquad \text{(식 11–3)}$$

재료의 물성치를 구하기 위해 가장 좋은 시험법은 인장시험이지만, 인장시험을 하기 어려운 상황이거나 재료가 사용된 제품에 가해지는 하중이 굽힘하중이면 굽힘시험을 통해 물성치를 구할 필요성이 있다. 굽힘시험을 한 결과를 살펴보면 인장시험을 통해 얻을 수 있는 곡선과 유사한 곡선을 얻을 수 있음을 알 수 있다.

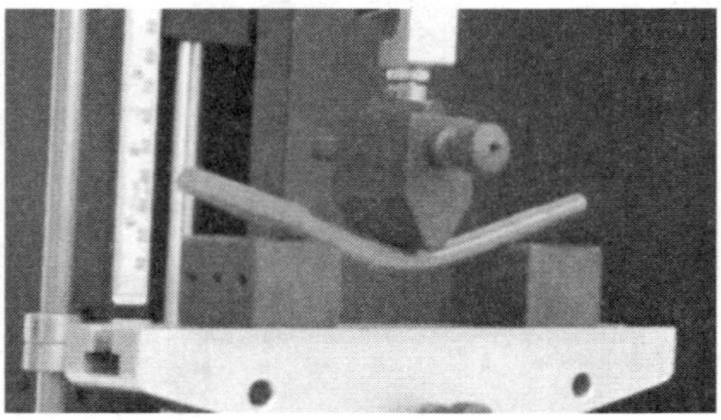

굽힙시험

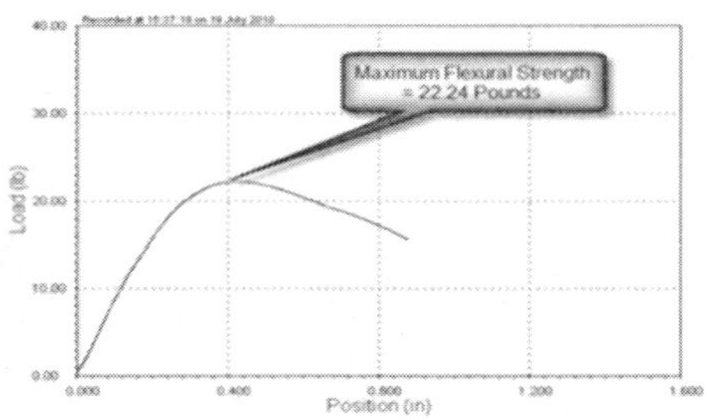

굽힘시험 곡선

그림 11–4 굽힘시험과 굽힘시험 곡선

11.3 단면 관성모멘트

굽힘응력을 계산하는 식을 보면 단면에 관한 관성모멘트를 계산할 필요성이 있음을 알 수 있다. 보의 단면 형상은 다양하게 사용할 수 있지만, 효율성 측면에서 대부분 사각형 단면과 원형 단면을 활용하고 있다. 건축 구조물에 사용되는 보의 형상은 'I'자 모양이나 'H'자 모양도 있으나 이러한 형태의 기본 모양도 사각형이다. 그러므로 사각형과 원형(환형)에 관한 관성모멘트를 이용하여 계산하는 방법을 살펴볼 필요성이 있다.

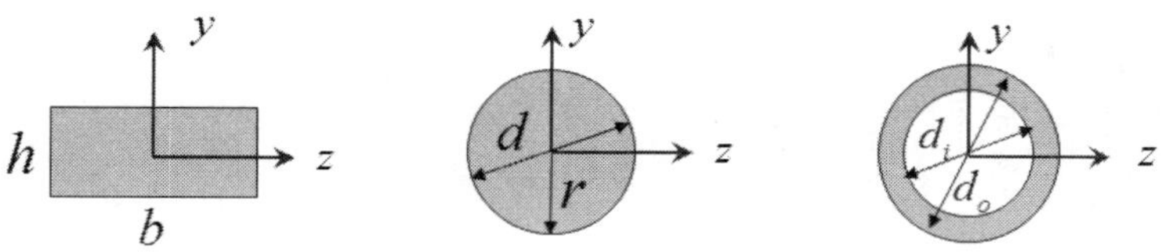

$$I_{zz} = \frac{bh^3}{12} \qquad I_{zz} = \frac{\pi d^4}{64} \qquad I_{zz} = \frac{\pi(d_o^{\,4} - d_i^{\,4})}{64}$$

그림 11-5 사각형과 원 도형의 관성모멘트

예제 1

다음 'I'자 보의 단면 관성모멘트를 계산하라.

풀 이

'I'자 형상은 아래 그림과 같이 분리하여 생각하면 될 것이다.

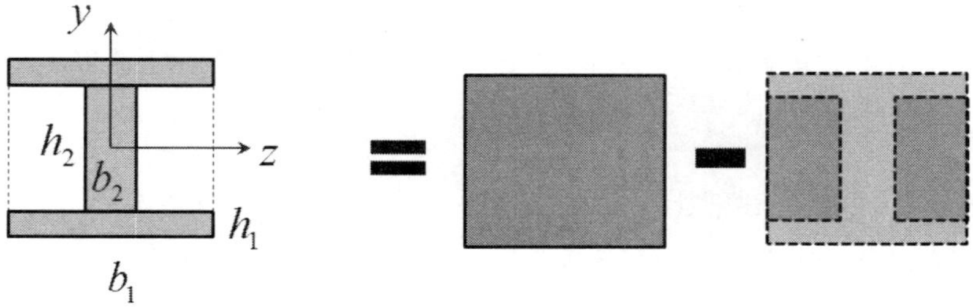

이를 이용하여 'I'자 관성모멘트를 계산해보면,

$$I_{zz} = (I_{zz})_{사각형} - (I_{zz})_{빈\ 공간}$$
$$= \frac{b_1(2h_1 + h_2)^3}{12} - \frac{(b_1 - b_2)h_2^3}{12}$$

예제 2

아래 그림에서 최대 굽힘이 가해지는 부분의 강철 보의 최대굽힘응력과 변형율을 구하여라. (단, 전단력은 무시한다)

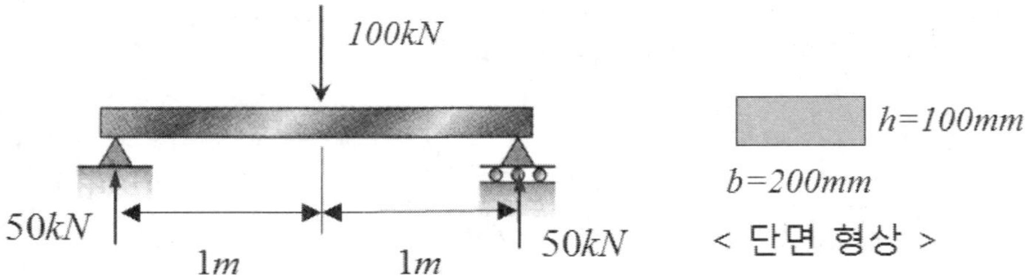

풀 이

자유물체도와 지지점 반력을 그린 후 평형조건을 적용하여 굽힘모멘트 선도를 구하면,

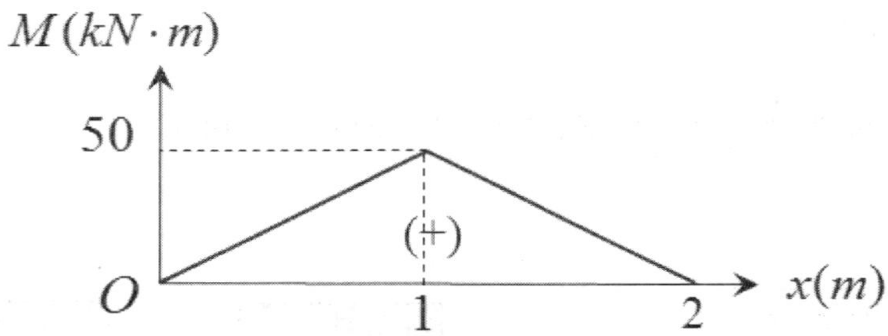

그러므로 굽힘모멘트의 최댓값은 50kN·m이고 y_{max}는 50mm가 되므로, 이를 이용하여 최대 굽힘응력과 최대굽힘변형율을 계산하면,

$$(\sigma_{xx})_{\max} = \frac{M_{\max}}{I_{zz}} \times y_{\max} = \frac{M_{\max}}{\frac{bh^3}{12}} \times y_{\max} = \frac{50 \times 10^3}{\frac{0.2 \times 0.1^3}{12}} \times 0.05 = 150MPa$$

$$(\epsilon_{xx})_{\max} = \frac{(\sigma_{xx})_{\max}}{E} = \frac{150 \times 10^6}{207 \times 10^9} = 725 \times 10^{-6}$$

11.4 보에 발생하는 전단응력과 변형율

보의 길이에 수직 방향으로 하중이 가해지는 경우를 다시 생각해보자. 순수굽힘 상태의 구간이 있는가하면 나머지 구간에는 굽힘하중뿐만 아니라 전단하중도 가해진다는 것을 알 수 있다. 그러므로 전단하중에 의해 보의 내부에 발생하는 전단응력을 계산해보는 것이 중요하다.

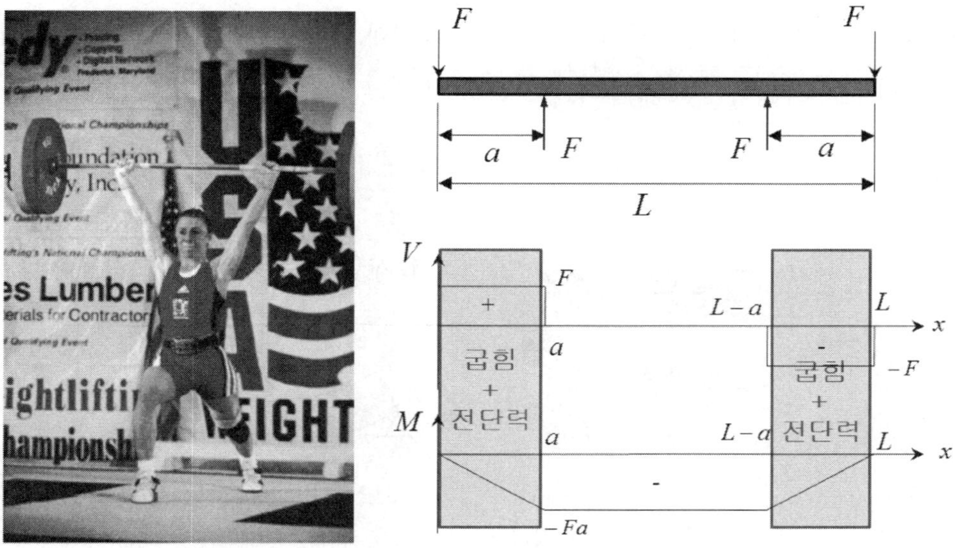

그림 11-6 굽힘하중과 보에 발생하는 전단력 분포 사례

위의 그림에서 굽힘하중과 전단력이 동시에 발생하는 이유는 무엇일까? 간단하게 가위로 종이를 자르듯이 보를 가위로 자르는 상황을 상상해보자. 이 경우에는 순수하게 전단력만 발생하지만, 가위의 날이 벌어질 경우에는 전단력 사이 간격이 벌어지기 때문에 굽힘모멘트가 발생하게 된다.

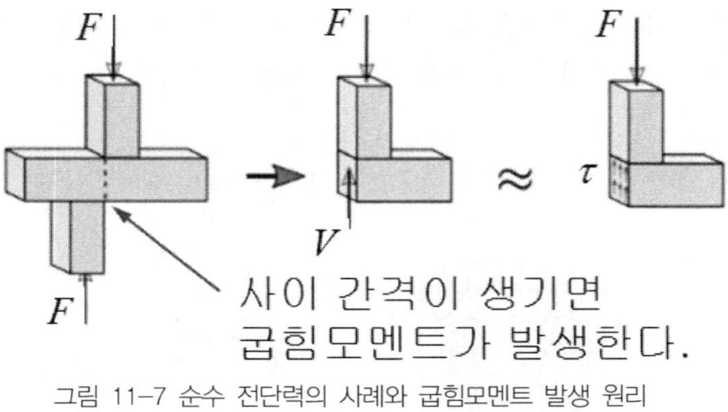

그림 11-7 순수 전단력의 사례와 굽힘모멘트 발생 원리

결국 보의 길이에 수직방향으로 가해지는 힘이 지지점과 거리가 멀어지거나 여러 개의 수직 방향 힘이 가해질 경우 전단력과 굽힘모멘트가 동시에 가해질 수 있다는 것을 유추할 수 있다.

이번에는 외부에서 전단하중이 발생하였을 때 보 내부에서 발생하는 전단응력에 대해 생각해보자. 아래 그림에서 두 개의 보가 서로 접착되어있지 않다면 두 보의 휨 현상이 서로 독립적으로 일어날 것이라고 예상할 수 있다. 물론 두 개의 보 사이에 약간의 마찰력이 발생할 것이다. 그러나 만약 두 개의 보가 서로 접착되어 있다면 어떨까? 아마도 두 개의 보가 접착되어 있으므로 서로 간에 아주 큰 마찰력이 발생할 것인데, 이 마찰력이 바로 전단응력이다.

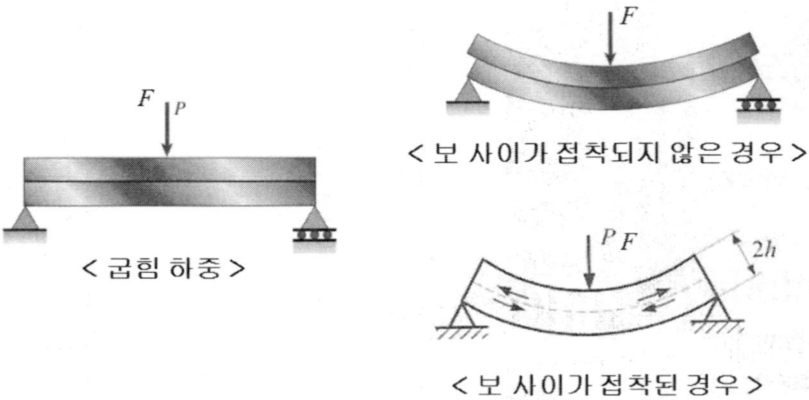

그림 11-8 보에서 전단응력이 발생하는 원리

그렇다면 보의 단면에서 전단응력이 발생할 때 보의 높이에 따라 어떤 위치에서 전단응력이 가장 크게 발생할까? 이는 좀 더 쉬운 문제로 바꾸어 생각해보면 금방 알 수 있다. 두 개의 보를 접착하지 않고 위의 그림처럼 휘어지게 하여 보의 길이에 수직 방향으로 힘을 가한다고 할 때, 두 개의 보 중에서 위쪽에 놓인 보의 두께를 가는 것부터 두꺼운 것으로 바꾼다고 생각해보자. 위쪽 보의 두께가 가는 경우에는 아래쪽 보와의 상대 변형량이 적고 위쪽 보의 두께가 두꺼운 경우에는 아래쪽 보와의 상대 변형량이 크다. 상대 변형량이 가장 큰 경우는 위쪽 보와 아래쪽 보의 두께가 같을 경우가 될 것이다. 그러므로 보 내부에 발생하는 전단응력은 보의 단면 중앙에서 가장 크고 보의 위쪽과 아래쪽 표면에서는 0이 된다.

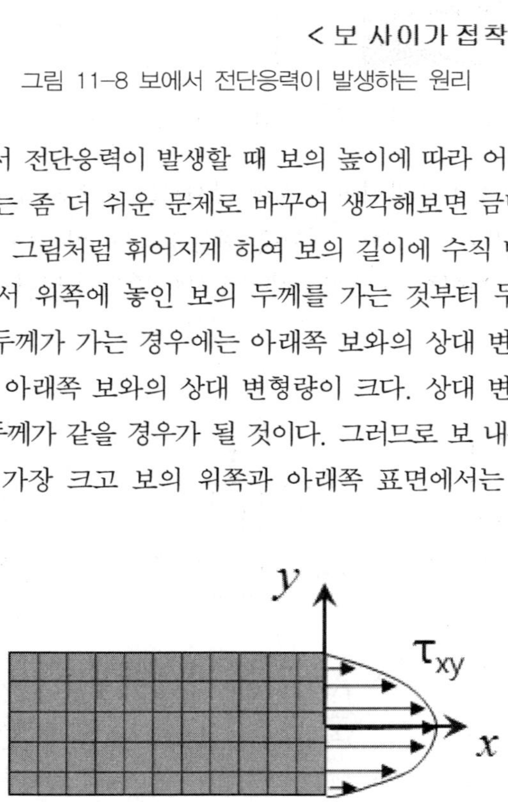

그림 11-9 보 단면에서의 전단응력 분포

보에 발생하는 전단응력을 계산하는 과정은 매우 복잡하다. 그 과정을 이해하면 좋겠지만 실제 제품을 설계하거나 계산하는 과정에서는 크게 중요하지 않기 때문에 여기에서는 그 결과를 어떻게 활용할 것인지만 논의하기로 한다. 앞에서 살펴본 대로 굽힘하중이 발생하는 보의 단면 형상은 다양하지만, 여기서는 대표적으로 사각형 단면과 원형 단면을 고려하겠다. 먼저 사각형 단면의 경우에는 다음과 같이 전단응력을 계산할 수 있다.

$$\tau_{xy} = \frac{V}{I_{zz}} \times \frac{1}{2}\left[(\frac{h}{2})^2 - y^2\right] \qquad \text{(식 11–4)}$$

원형 단면의 전단응력은,

$$\tau_{xy} = \frac{V}{I_{zz}} \times \frac{1}{3}\left[R^2 - y^2\right] \qquad \text{(식 11–5)}$$

여기서 V는 x에 관한 함수로 표현된다.

예제 3

예제 2와 동일한 조건에서 최대전단응력과 변형율을 구하라.

풀 이

자유물체도와 지지점 반력을 그린 후 평형조건을 적용하여 전단력 선도를 구하면,

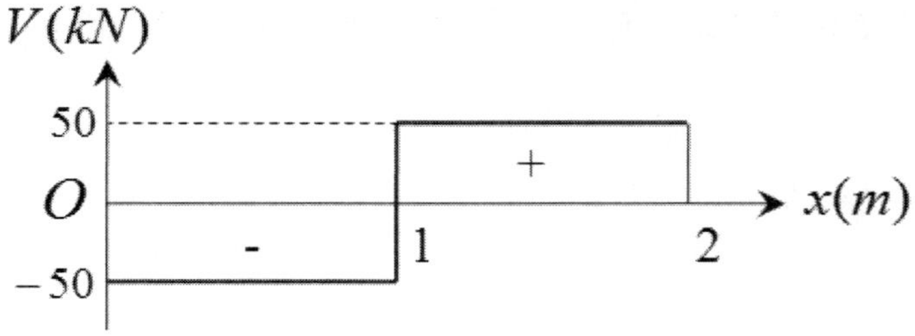

전단력의 최댓값은 50kN이고 y_{min}는 0이 되므로 이를 이용하여 최대전단응력과 최대전단변형율을 계산하면,

$$(\tau_{xy})_{\max} = \frac{V_{\max}}{I_{zz}} \times \frac{1}{2}\left[(\frac{h}{2})^2 - y_{\min}^2\right] = \frac{50 \times 10^3}{\frac{0.2 \times 0.1^3}{12}} \times \frac{1}{2}\left[(\frac{0.1}{2})^2 - 0^2\right] = 3.75MPa$$

$$(\gamma_{xy})_{\max} = \frac{(\tau_{xy})_{\max}}{G} = \frac{(\tau_{xy})_{\max}}{\frac{E}{2(1+\nu)}} = \frac{3.75 \times 10^6}{\frac{207 \times 10^9}{2 \times (1+0.3)}} = 47.1 \times 10^{-6}$$

11.5 보의 굽힘응력과 전단응력의 비교

보 문제에서는 일반적으로 굽힘응력에 비해 전단응력이 매우 낮은 것으로 알려져 있다. 실제로 얼마나 낮은지 알아보기 위해 예제 2번과 3번 문제에서 다룬 보의 굽힘응력과 전단응력을 비교해보자. 먼저 굽힘응력의 최댓값은 150MPa이지만 전단응력의 최댓값은 3.75MPa로, 굽힘응력에 비해 매우 낮다는 것을 알 수 있다. 실제 두 값의 비율을 계산해보면, 2.5%에 불과하다. 이처럼 낮은 비율은 특별한 사례이기 때문에 그럴까? 일반적인 경우에도 그렇다는 것을 살펴보기 위해 예제 2번과 3번의 경우에 대하여 모든 수치를 문자화하여 계산하면 다음과 같은 결과를 얻을 수 있다.

$$\frac{(\tau_{xy})_{\max}}{(\sigma_{xx})_{\max}} = \frac{h}{2L} \qquad \text{(식 11–6)}$$

위의 식에서 가늘고 긴 부재라는 보의 정의를 생각하면, 대부분의 경우 전단응력의 크기는 굽힘응력의 크기에 비해 매우 작을 것이라는 사실을 예상할 수 있다. 그러므로 보의 파손을 고려할 때에는 특별한 경우를 제외하고 굽힘응력만 고려하면 될 것이다.

11.6 보의 파손

앞에서 논의한 대로 보의 파손을 판단할 때는 전단응력을 제외하고 굽힘응력만 고려하면 된다. 또한 재료의 파손을 판단하는 방법으로 모어원을 이용하였던 것을 기억할 때, 보에 발생하는 외부 하중을 고려하여 굽힘모멘트 선도를 그린 후 최대 굽힘응력을 구하여 모어원을 그려 재료의 종류에 따라 최대주응력 또는 최대전단응력을 항복강도와 비교하여 보의 파손 여부를 판단하면 된다.

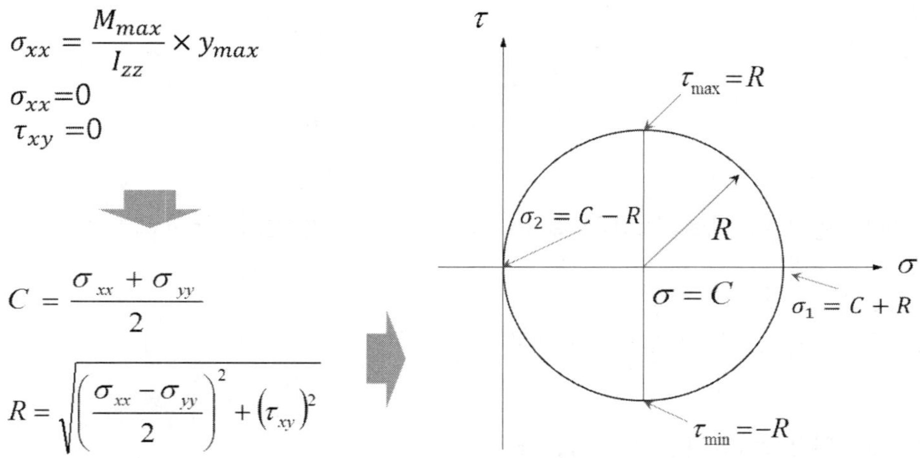

그림 11-10 보의 굽힘응력을 이용한 모어원 그리는 방법

예제 4

예제 2에 대하여 연강 보의 항복강도가 300MPa일 때 파손 여부를 판단하라.

풀 이

예제 2번에서 계산한 굽힘응력을 이용하여 모어원의 C와 R을 계산하면,

$$C = \frac{\sigma_{xx} + \sigma_{yy}}{2} = \frac{150+0}{2} = 75MPa$$

$$R = \sqrt{\left(\frac{\sigma_{xx} - \sigma_{yy}}{2}\right)^2 + \tau_{xy}^2} = \sqrt{\left(\frac{150-0}{2}\right)^2 + 0^2} = 75MPa$$

이를 이용하여 모어원을 그리면,

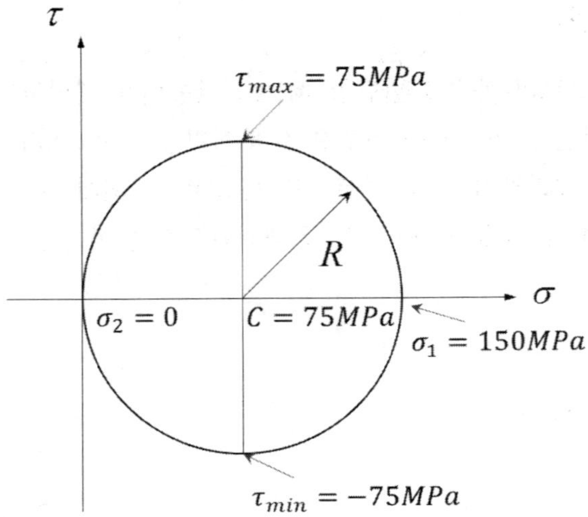

연강봉은 연성재료이므로 최대전단응력 값을 전단 항복강도와 비교해보면,

$$\tau_{\max} = 75MPa < \tau_y = \frac{1}{2}\sigma_y = 150MPa$$

그러므로 연강 보는 파손되지 않는다.

연 습 문 제

1. 아래와 같이 직경이 60mm인 주철 보에 걸리는 최대굽힘응력과 변형율을 구하고 모어원을 이용하여 파손 여부를 판단하여라. (단, 주철 보의 항복강도는 200MPa이고 전단력은 무시할 만하다고 가정한다.)

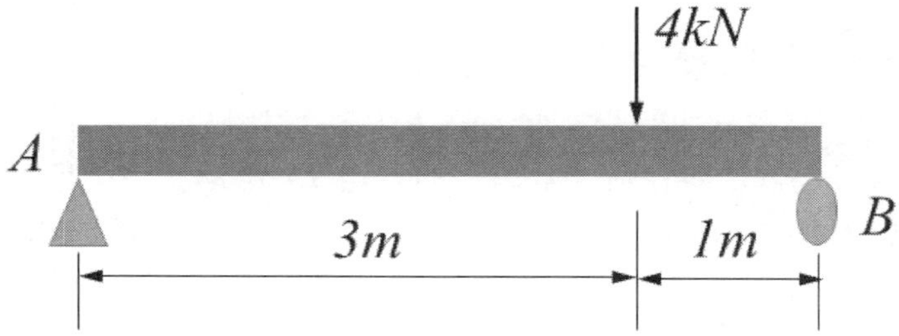

2. 아래 그림과 같은 하중 상태에 있는 길이 2m의 알루미늄으로 만든 외팔보(직경 60mm)에 대해 최대굽힘응력 및 변형율을 구하고 모어원을 이용하여 파손 여부를 판단하라. (단, 알루미늄 보의 항복강도는 200MPa이고 전단력은 무시할 만하다고 가정한다.)

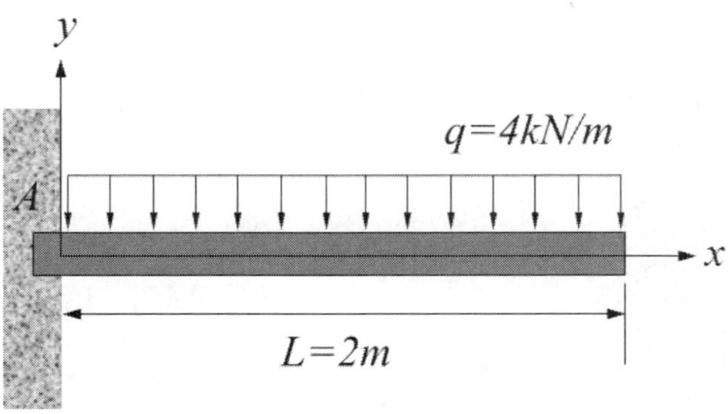

문 제 풀 이

1. 이 문제에서는 분포하중이 없으므로 자유물체도를 그리고 지지점 반력을 표시한 후 지지점 반력을 구하면,

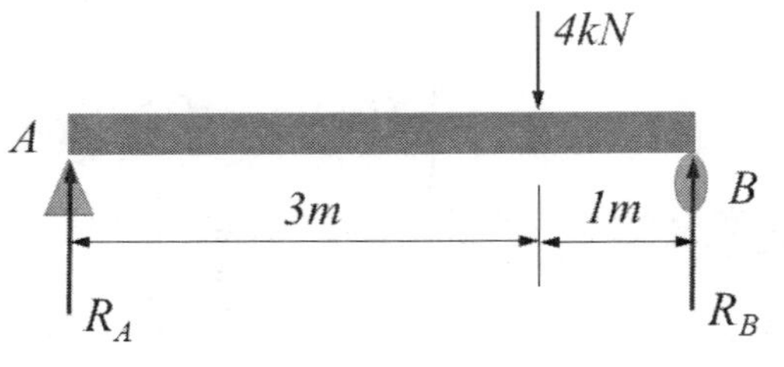

$$\sum F_y = 0 : R_A + R_B - 4 = 0$$

$$\sum M_A = 0 : R_B \times 4 - 4 \times 3 = 0$$

$$\Rightarrow \quad R_B = 3kN, \quad R_A = 1kN$$

앞 장에서 배운 대로 수행하면 구간은 2개만 나누면 된다. 그 다음 단계는 각 구간에 대해 자유물체도를 그린다. 0~3m 구간을 나눈 다음, 아래 그림에서 보는 것과 같이 0m 지점에 지지점 반력을 표시하고, 0~1m 사이 임의의 단면을 잡고 그 길이를 x로 정한다. 그리고 x 지점의 단면에 모멘트 M_1이 가해진다고 표시하면 된다. 그 다음에는 평형조건을 적용하여 M_1을 계산하면 된다.

두 번째 구간의 경우에는 3~4m 구간 사이에 임의의 위치를 정하고 그 위치를 x라고 정한 다음 자유물체도를 그리는데, 이때 주의할 것은 0~3m 구간을 포함하여 모두 그려야 한다는 것이다. 그리면 위의 그림과 같이 A점의 지지점 반력 1kN과 분포하중 전체 힘을 표시하게 된다. 그리고 임의로 정한 x 지점의 단면에 M_2가 가해진다고 표시를 한 후 평형조건을 적용하여 M_2를 구하면 된다. M_2의 방향은 (+)로 잡아준다.

$0 \le x < 3$

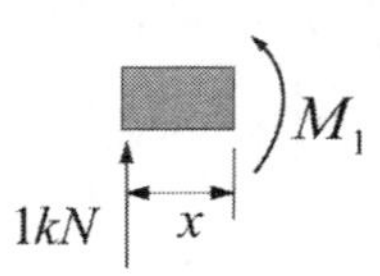

$$\sum M = 0 : M_1 - 1 \times x = 0$$

$$\Rightarrow \quad M_1 = x$$

$3 \le x \le 4$

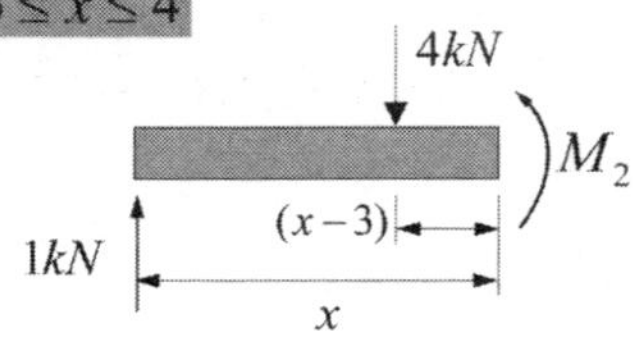

$$\sum M = 0 : M_2 - 1 \times x + 4 \times (x - 3) = 0$$

$$\Rightarrow \quad M_2 = -3x + 12$$

집중하중을 다룬 이 문제의 경우 모멘트를 구한 결과를 살펴보면, 1구간과 2구간 모두 굽힘모멘트가 x에 관한 1차 함수로 나타난다. 이 결과를 이용하여 x에 관한 그래프를 그리면 다음과 같다.

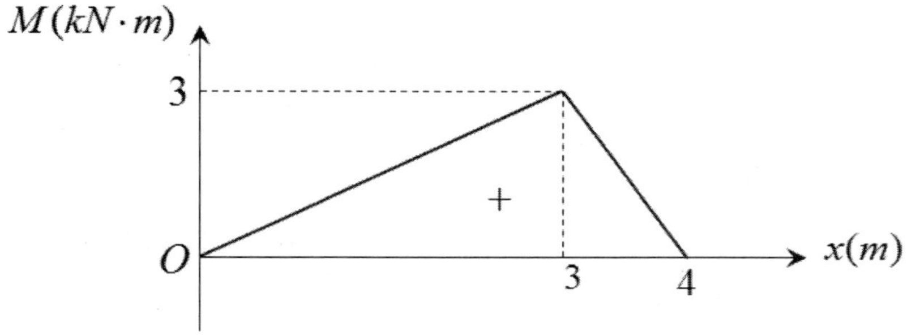

굽힘모멘트 선도를 그린 결과를 보면 3m 지점에서 굽힘모멘트의 값이 3kN · m로 가장 크다는 것을 알 수 있다. 그러므로 3m 지점이 가장 위험하므로 그 위치에서 가장 먼저 파손이 일어날 것으로 예측할 수 있다.

$$(\sigma_{xx})_{\max} = \frac{M_{\max}}{I_{zz}} \times y_{\max} = \frac{M_{\max}}{\frac{\pi d^4}{64}} \times y_{\max} = \frac{3000}{\frac{\pi \times 0.06^4}{64}} \times 0.03 = 141MPa$$

$$(\epsilon_{xx})_{\max} = \frac{(\sigma_{xx})_{\max}}{E} = \frac{141 \times 10^6}{207 \times 10^9} = 681 \times 10^{-6}$$

위에서 구한 응력 값을 이용하여 C와 R을 구하면,

$$C = \frac{\sigma_{xx} + \sigma_{yy}}{2} = \frac{141 + 0}{2} = 70.5MPa$$

$$R = \sqrt{(\frac{\sigma_{xx} - \sigma_{yy}}{2})^2 + \tau_{xy}^2} = \sqrt{(\frac{141 - 0}{2})^2 + 0^2} = 70.5MPa$$

모어원의 중심 위치 C와 반지름 R을 이용하여 모어원을 그린다. 그 결과를 참고하면서 주철 재료가 취성재료에 해당된다는 사실을 고려하여 최대주응력과 항복강도를 비교하여 파손 여부를 판단해보면,

$$\sigma_1 = 141MPa < \sigma_y = 200MPa$$

최대주응력이 항복강도보다 작으므로 파손되지 않는다고 판단할 수 있다.

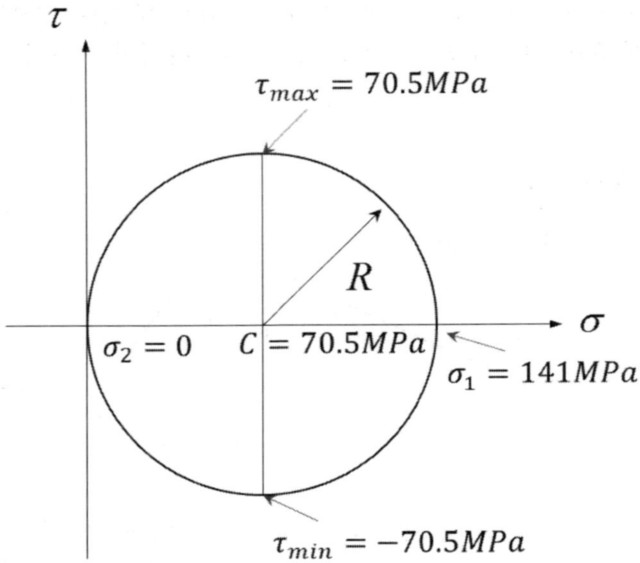
τ
$\tau_{max} = 70.5MPa$
R
σ
$\sigma_2 = 0$
$C = 70.5MPa$
$\sigma_1 = 141MPa$
$\tau_{min} = -70.5MPa$

2. 이 문제에서는 분포하중이 있으므로 분포하중을 집중하중으로 바꾼 다음 자유물체도를 그리고 지지점 반력을 구해야 한다.

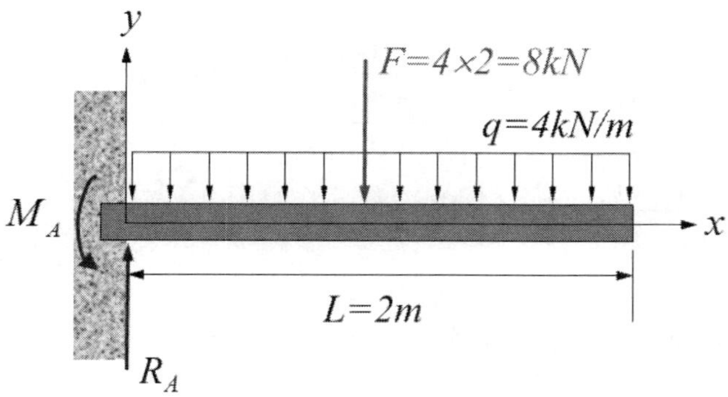

$$\sum F_y = 0: R_A - 8 = 0$$

$$\sum M = 0: M_A - 8 \times 1 = 0$$

$$\Rightarrow \quad R_A = 8kN, \quad M_A = 8kN \cdot m$$

앞 장에서 배운 대로 구간을 나누는 방법을 수행하면 구간은 1개만 나누면 된다. 그 다음 단계는 이 구간에 대해 자유물체도를 그린다. 0~2m 구간을 나누고, 위의 그림에서 보는 것과 같이 0m 지점에 지지점 반력을 표시하고 0~2m 사이 임의의 단면을 잡고 그 길이를 x로 정한다. 그리고 x 지점의 단면에 모멘트 M_1이 가해진다고 표시하면 된다. 그 다음에는 평형조건을 적용하여 M_1을 계산하면 된다.

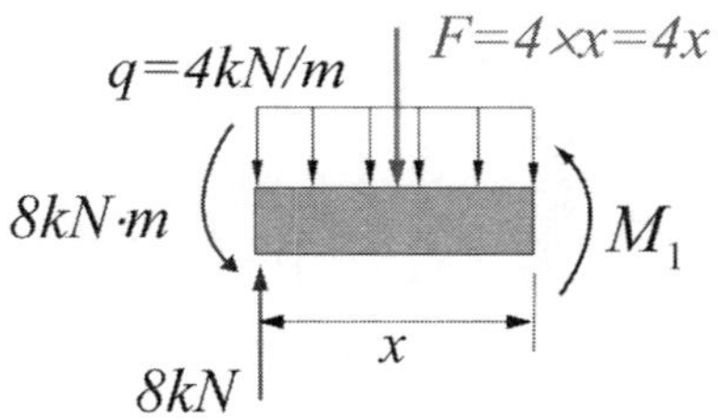

$$\sum M = 0: M_1 + 8 - 8 \times x + 4x \times \frac{1}{2}x = 0$$

$$\Rightarrow \quad M_1 = -2x^2 + 8x - 8 = -2(x^2 - 4x + 4) = -2(x-2)^2$$

분포하중을 다룬 이 문제의 경우 모멘트를 구한 결과를 살펴보면, 굽힘모멘트가 x에 관한 2차 함수로 나타난다. 이 결과를 이용하여 x에 관한 그래프를 그리면 다음과 같다.

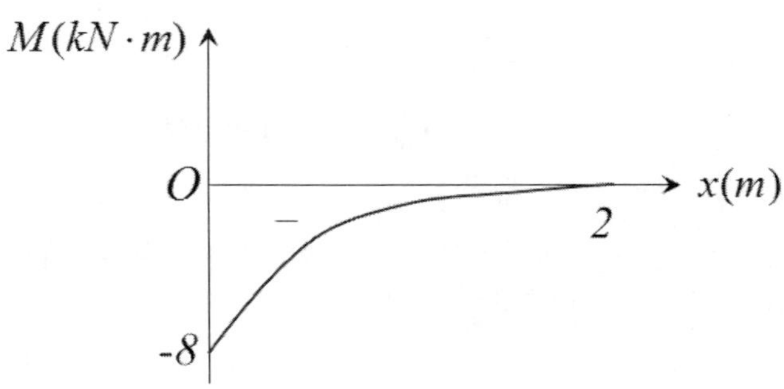

굽힘모멘트 선도를 그린 결과를 보면 왼쪽 고정점에서 굽힘모멘트의 절댓값이 8kN · m로 가장 크다는 것을 알 수 있다. 그러므로 왼쪽 고정점이 가장 위험하므로 그 위치에서 가장 먼저 파손이 일어날 것으로 예측할 수 있다.

$$(\sigma_{xx})_{\max} = \frac{M_{\max}}{I_{zz}} \times y_{\max} = \frac{M_{\max}}{\frac{\pi d^4}{64}} \times y_{\max} = \frac{8000}{\frac{\pi \times 0.06^4}{64}} \times 0.03 = 377MPa$$

$$(\epsilon_{xx})_{\max} = \frac{(\sigma_{xx})_{\max}}{E} = \frac{377 \times 10^6}{72 \times 10^9} = 5.24 \times 10^{-3}$$

위에서 구한 응력 값을 이용하여 C와 R을 구하면,

$$C = \frac{\sigma_{xx} + \sigma_{yy}}{2} = \frac{377+0}{2} = 189MPa$$

$$R = \sqrt{\left(\frac{\sigma_{xx} - \sigma_{yy}}{2}\right)^2 + \tau_{xy}^2} = \sqrt{\left(\frac{377-0}{2}\right)^2 + 0^2} = 189MPa$$

모어원의 중심 위치 C와 반지름 R을 이용하여 모어원을 그려보면,

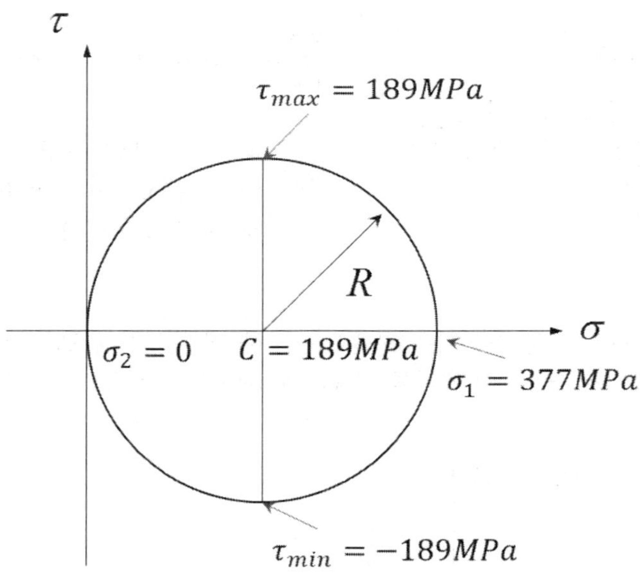

위의 결과를 참고하면서 알루미늄 재료가 연성재료에 해당된다는 사실을 고려하여 최대 전단응력과 전단 항복강도를 비교하여 파손 여부를 판단해보면,

$$\tau_{\max} = 189MPa > \tau_y = \frac{1}{2}\sigma_y = 100MPa$$

최대전단응력이 전단 항복강도보다 크므로 파손될 것으로 판단할 수 있다.

CHAPTER 12

보의 처짐량

12.1 처짐 현상의 중요성

12.1.1 처짐 현상의 중요성

2012년 서울의 한강에 위치한 교각들의 안전을 점검할 당시 '처짐 현상'이 심하게 나타난 다리가 많아 논란이 된 적이 있다. 우리나라 전국의 많은 다리들이 심한 처짐 현상이 발생해 보강공사를 대대적으로 진행하면서 처짐 현상이 주목받게 되었다.

보 구조물에서 발생하는 처짐 현상은 보에 가해진 힘에 의해 보가 원래 형상을 유지하지 못하고 아래로 휘어져 처짐(deflection)이 발생하는 것을 말한다. 가늘고 긴 보의 특성상 처짐 현상은 당연히 발생하지만, 처짐 현상이 심할 경우에는 구조물의 안전을 위협하는 요소가 될 수 있기 때문에 처짐량을 계산하고 그 결과를 분석하는 것은 중요한 일이다.

그림 12-1 보의 처짐량 발생 사례

그렇다면 보의 처짐 현상과 보의 파손 사이에는 어떤 관계가 있는지 살펴보도록 하자. 보의 처짐 현상이 심하다는 것은 보가 휘어져 원래 형상으로부터 변하여 처짐량이 증가한다는 것을 의미한다. 보의 형상이 초기에 직선이라고 가정할 때 처짐이 발생하면 보의 형상은 곡선이 된다. 아래 그림을 참고로 하여 A점과 B점 사이에서 보의 초기 형상은 직선이고 처짐 현상이 발생한 후 보의 나중 형상은 곡선이 된다. 동일한 두 점을 잇는 가장 짧은 선은 직선이므로 처짐 곡선의 길이는 보의 초기 형상에 해당하는 직선보다 길기 때문에 길이 변화가 일어났다는 것을 의미한다. 인장하중을 가했을 때 늘어난 길이(변형량)와 변형율을 고려해보면 곡선의 길이가 나중 길이이고 직선이 초기 길이라고 생각한다면 보의 처짐 현상으로 인해 변형율이 발생한 것이라고 간단히 이해할 수 있겠다. 좀 더 나아가 보의 길이가 늘어났으므로 보의 내부에서는 응력이 발생한 것이고 처짐 현상이 심해진다는 것은 응력의 값이 점점 더 커진다는 말이 된다. 그러다가 보의 내부에서 발생한 최대주응력 또는 최대전단응력이 항복강도 또는 전단 항복강도를 넘게 되면 보는 파손에 이르게 된다. 그러므로 보의 처짐 현상은 보의 파손과 밀접한 연관이 있다. 따라서 교각과 같은 보 구조물의 처짐량을 계산하거나 현장에 나가 처짐량을 계측하여 구조물의 안전을 모니터링하는 것은 중요한 일이다.

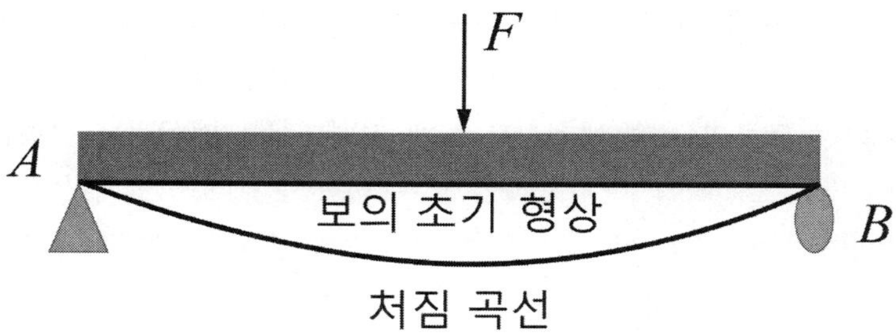

그림 12-2 보의 초기 직선 형상과 처짐 곡선 사례

12.1.2 보의 처짐량 계산방법

지금부터 보의 처짐량을 계산하는 과정을 살펴보도록 하자. 보의 처짐량을 계산하기 위해서는 가장 먼저 보의 처짐 곡선의 함수식을 알아야 한다. 보에 관한 여러 가지 가정을 바탕으로 많은 학자들이 노력하여 보의 처짐에 관한 미분방정식은 이미 잘 알려져 있다. 여기서는 보의 처짐에 관한 미분방정식을 유도하는 과정은 생략하고, 대신 그것을 이용하여 처짐량을 구하는 방법을 상세히 다루도록 할 것이다. 보의 처짐에 관한 미분방정식은 아래 식과 같다.

$$\frac{d^2y}{dx^2} = \frac{M(x)}{EI_{zz}} \quad \text{(식 12-1)}$$

위의 처짐에 관한 식은 x에 관한 2차 미분방정식이기 때문에 처짐량 y의 값을 직접 구할 수 없다. 그러므로 적분을 2회 수행하면 y에 대한 식으로 되돌릴 수 있어 처짐량 y의 값을 구할 수 있을 것이다. 이를 위하여 1차 적분을 하면 y에 관한 1차 미분방정식을 얻게 되지만 적분상수 C_1이 발생하므로 C_1을 계산하기 위해서는 경계조건이 필요하다.

$$\frac{dy}{dx} = \tan\theta \cong \theta = \int \frac{M(x)}{EI_{zz}} dx + C_1 \quad \text{(식 12-2)}$$

위의 식에서 처짐량에 관한 1차 미분식은 처짐 곡선의 기울기이므로 경사각이라고 생각하면 된다. 위의 식을 다시 적분하면 처짐량 y를 구할 수 있지만, 또다시 적분상수 C_2가 발생하므로 이를 구하기 위해서는 또 다른 경계조건이 필요하다.

$$y = \int \left(\int \frac{M(x)}{EI_{zz}} dx + C_1 \right) + C_2 \quad \text{(식 12-3)}$$

그러므로 보의 처짐량을 계산하기 위해서는 2개의 경계조건이 필요한데, 이는 보의 종류에 따라 달라진다. 여기에서는 양단 단순지지보와 외팔보에 대한 문제를 다룰 것이며, 이를 통해 독자 여러분은 다른 종류의 보에 대해서도 쉽게 경계조건을 얻어내는 능력을 기를 수 있게 될 것이다.

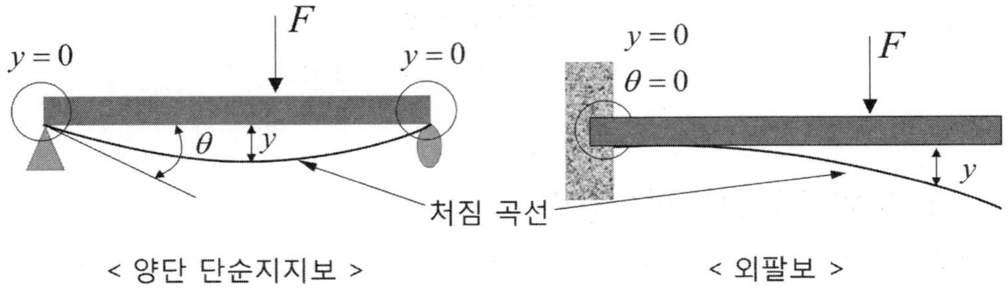

그림 12-3 보의 처짐량 계산을 위한 경계조건 사례

12.2 외팔보의 처짐량

외팔보의 처짐량을 계산하는 과정은, 먼저 보의 처짐에 관한 미분방정식을 두 번에 걸쳐 적분을 하되 2개의 경계조건을 찾아야 한다. 외팔보의 경계조건은 아래 그림과 같이 x=0인 지점에서 처짐량과 경사각이 모두 0이라는 조건을 이용하면 된다.

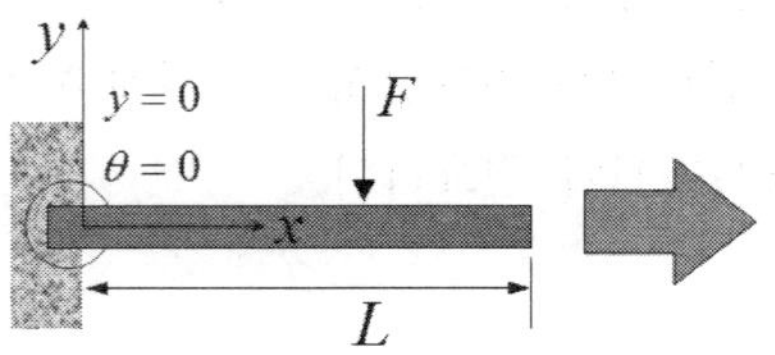

$$\frac{d^2y}{dx^2} = \frac{M}{EI_{zz}} \qquad \theta = 0, x = 0 \qquad y = 0, x = 0$$

$$\frac{dy}{dx} = \int \frac{M}{EI_{zz}} dx + C_1 \quad \longleftarrow \quad \theta = 0(x = 0)$$

$$y = \int \left[\int \frac{M}{EI_{zz}} dx + C_1 \right] + C_2 \quad \longleftarrow \quad y = 0(x = 0)$$

그림 12-4 외팔보의 처짐량을 계산하는 과정

외팔보의 처짐에 관한 미분방정식을 1차 적분하여 얻게 되는 적분상수 C_1은 경사각에 관한 경계조건(x=0, θ=0)을 이용하면 0이라는 결과가 나온다. 경사각에 관한 미분방정식을 한 번 더 적분하면 적분상수 C_2는 처짐량에 관한 경계조건(x=0, y=0)을 이용하여 C_2가 0이라는 결과를 얻을 수 있다.

예제 1

아래 그림과 같이 하중이 가해지는 직경 20mm의 강철 외팔보 끝단에서의 처짐량을 구하라.

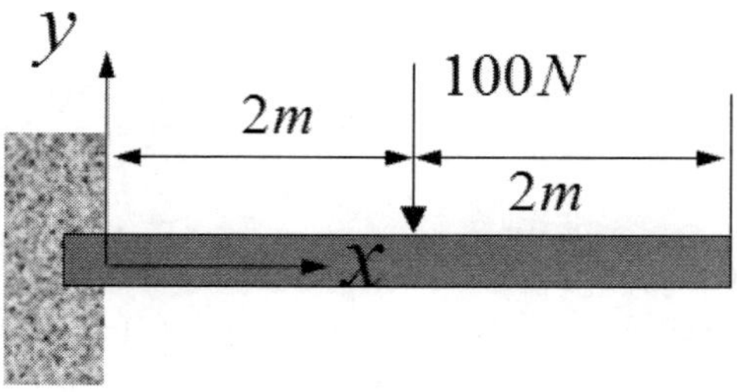

풀 이

외팔보의 자유물체도를 그리고 평형조건을 적용하여 지지점 반력을 구하면,

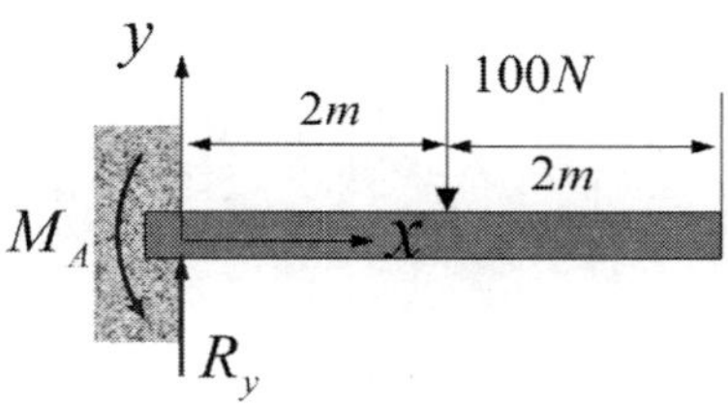

$$\sum F_y = 0 : R_y - 100 = 0$$
$$\sum M_A = 0 : M_A - 100 \times 2 = 0$$

$$R_y = 100N$$
$$M_A = 200N \cdot m$$

경계조건

$$x = 0, \theta = 0 \;\&\; y = 0$$
$$x = 2, \theta_1 = \theta_2 \;\&\; y_1 = y_2$$

$$EI_{zz} = E \cdot \frac{\pi d^4}{64} = 207 \times 10^9 \times \frac{\pi \times 0.02^4}{64}$$
$$= 1626 Pa \cdot m^4$$

외팔보의 경계조건은 4개로 계산해야 할 구간이 2개이기 때문에 각각 2개를 고려한 결과이다. 먼저 0~2m 구간을 고려하면 경계조건은 x=0일 때 처짐량 y=0과 경사각 θ=0을 고려하여 계산하면 된다.

$0 \le x < 2$

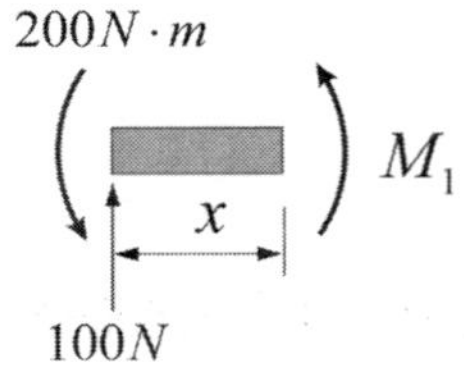

$$\sum M = 0 : M_1 + 200 - 100x = 0$$

$$\Rightarrow M_1 = 100x - 200$$

$$\boxed{\frac{d^2y}{dx^2} = \frac{M}{EI_{zz}}} \quad M = 100x - 200$$

$$\frac{d^2y}{dx^2} = \frac{1}{1626}(100x - 200)$$

적분

$$\theta_1 = \frac{dy}{dx} = \frac{1}{1626}(50x^2 - 200x) + C_1 \quad (C_1 = 0,\ x = 0, \theta = 0)$$

적분

$$y_1 = \frac{1}{1626}\left(\frac{50}{3}x^3 - 100x^2\right) + C_2 \quad (C_2 = 0,\ x = 0, y = 0)$$

다음으로 2~4m 구간을 고려하면 경계조건은 x=2m일 때 1구간과 2구간이 연속성이 있어야 보의 형상이 파손되지 않고 연속적인 부드러운 곡선을 이루게 되므로, x=2일 때 경사각과 처짐량 모두 동일하게 되는 경계조건을 적용하면 된다.

$2 \le x \le 4$

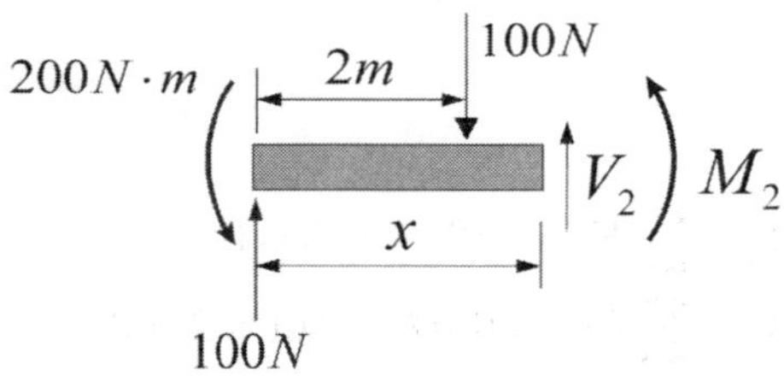

$$\sum M = 0 :$$

$$M_2 + 200 - 100x + 100 \times (x - 2) = 0$$

$$\Rightarrow M_2 = 0$$

$$\boxed{\frac{d^2y}{dx^2} = \frac{M}{EI_{zz}}} \quad M = 0$$

$$\frac{d^2y}{dx^2} = 0$$

적분

$$\theta_2 = \frac{dy}{dx} = C_3$$

적분

$$y_2 = C_3x + C_4$$

위의 계산 과정으로 나온 결과(θ_2, y_2)에 대해 x=2에서의 경계조건을 적용하면 되는데, 먼저 1구간과 2구간에 대해 경사각이 동일하다는 경계조건을 먼저 적용하면,

$$\theta_1 = \frac{1}{1626}(50 \times 2^2 - 200 \times 2) = C_3 = \theta_2 \rightarrow C_3 = -0.123$$

다음으로 x=2에서 구간 1과 구간 2의 처짐량이 동일하다는 경계조건을 적용하면,

$$y_1 = \frac{1}{1626}\left(\frac{50}{3}\times 2^3 - 100\times 2^2\right) = C_3\times 2 + C_4 = y_2 \rightarrow C_4 = 0.0820$$

이를 이용하여 최종적인 처짐량과 경사각에 관한 식을 구하면,

$$\theta_1 = \frac{1}{1626}(50x^2 - 200x)$$
$$y_1 = \frac{1}{1626}\left(\frac{50}{3}\times x^3 - 100\times x^2\right)$$

$$\theta_2 = -0.123$$
$$y_2 = -0.123x + 0.0820$$

그러므로 보의 끝단에서의 처짐량을 계산하면,

$$y_2 = -0.123\times 4 + 0.0820 = -0.41m = -410mm$$

12.3 단순지지보의 처짐량

단순지지보의 처짐량을 계산하는 과정은, 먼저 보의 처짐에 관한 미분방정식을 두 번에 걸쳐 적분을 하되 2개의 경계조건을 찾아야 한다. 양단 단순지지보의 경계조건은 아래 그림과 같이 두 개의 지지점에서 처짐량이 모두 0이라는 조건을 이용하면 된다.

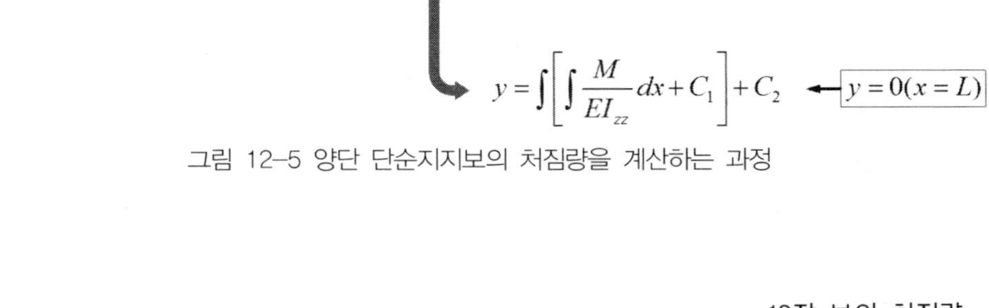

그림 12-5 양단 단순지지보의 처짐량을 계산하는 과정

양단 단순지지보의 처짐에 관한 미분방정식을 1차 적분하여 얻을 수 있는 적분상수 C_1는 바로 구할 수 없다. 그러므로 한 번 더 적분하여 구간 1의 경사각 식과 처짐량 식을 모두 구한 상태에서 처짐량에 관한 경계조건(x=0, y=0)을 이용하여 C_2가 0이라는 결과를 먼저 얻는다. 다음에는 구간 2에 대하여 1차 적분하여 경사각 식을 구하고, 다시 한 번 더 적분하여 처짐량 식을 구한 다음, 힘이 가해진 위치에서의 연속성에 관한 식을 이용하여 나머지 적분상수를 모두 구하면 된다.

예제 2

강철 사각보($20\times10mm^2$)에 아래 그림과 같이 외부하중이 가해질 때, 중앙에서의 처짐량을 구하여라.

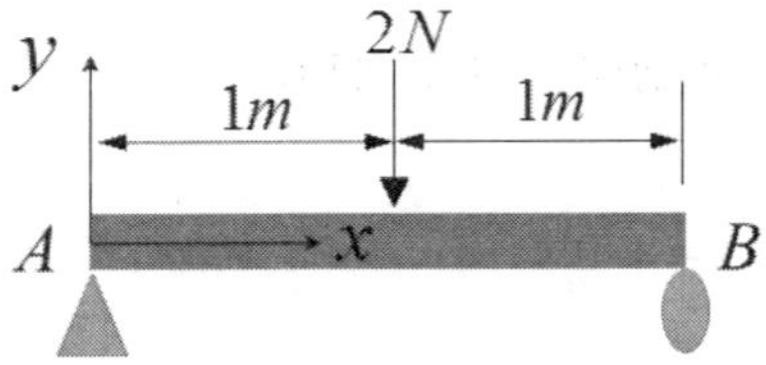

풀 이

양단 단순지지보의 자유물체도를 그리고 평형조건을 적용하여 지지점 반력을 구하면,

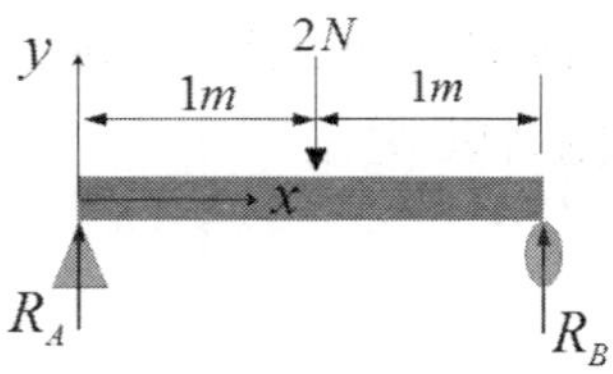

$$\sum F_y = 0 : R_A + R_B - 2 = 0$$
$$\sum M_A = 0 : R_B \times 2 - 2\times 1 = 0$$

$$R_B = 1N$$
$$R_A = 1N$$

경계조건

$x = 0 \,\&\, 2,\ y = 0$

$x = 1,\ \theta_1 = \theta_2 \,\&\, y_1 = y_2$

$$EI_{zz} = E\cdot\frac{bh^3}{12} = 207\times10^9\times\frac{0.02\times0.01^3}{12} = 345Pa\cdot m^4$$

양단 단순지지보의 경계조건은 4개로 계산해야 할 구간이 2개이기 때문에 각각 2개를 고려한 결과이다. 먼저 0~1m 구간을 고려하면 경계조건은 x=0일 때 처짐량 y=0을 고려하여 계산하면 된다.

$0 \le x < 1$

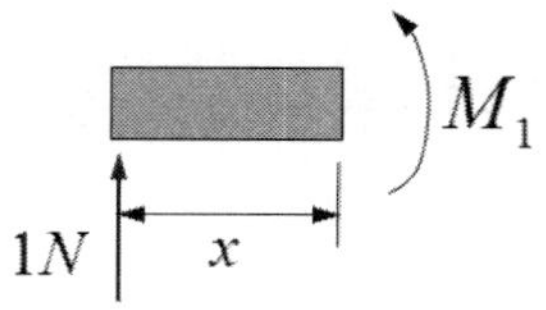

$$\sum M = 0 : M_1 - 1 \times x = 0$$

$$\Rightarrow M_1 = x$$

$$\boxed{\frac{d^2y}{dx^2} = \frac{M}{EI_{zz}}} \quad M_1 = x$$

$$\frac{d^2y}{dx^2} = \frac{1}{345}(x)$$

적분

$$\theta_1 = \frac{dy}{dx} = \frac{1}{345}\left(\frac{1}{2}x^2\right) + C_1$$

적분

$$y_1 = \frac{1}{345}\left(\frac{1}{6}x^3\right) + C_1x + C_2 \quad (C_2 = 0)$$

$$(x = 0, y = 0)$$

다음으로 1~2m 구간을 고려하면 경계조건은 x=2m일 때 처짐량이 0이 된다. 그리고 1구간과 2구간이 연속성이 있어야 보의 형상이 파손되지 않고 연속적인 부드러운 곡선을 이루게 되므로, x=1일 때 경사각과 처짐량 모두 동일하게 되는 경계조건을 적용하면 된다.

$1 \le x \le 2$

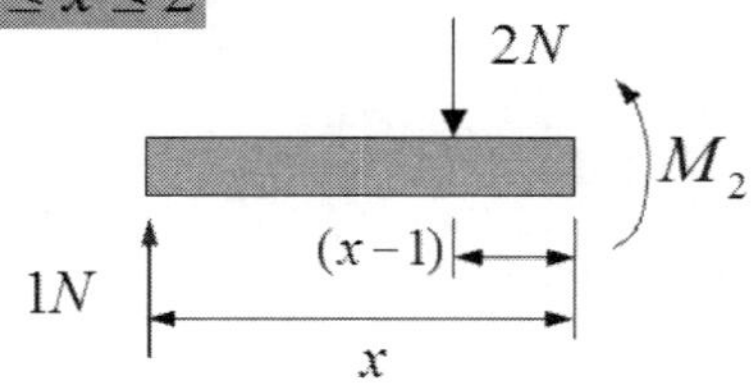

$$\sum M = 0 :$$
$$M_2 - 1 \times x + 2 \times (x - 1) = 0$$

$$\Rightarrow M_2 = -x + 2$$

$$\boxed{\frac{d^2y}{dx^2} = \frac{M}{EI_{zz}}} \quad M_2 = -x + 2$$

$$\frac{d^2y}{dx^2} = \frac{1}{345}(-x + 2)$$

적분

$$\theta_2 = \frac{dy}{dx} = \frac{1}{345}\left(-\frac{1}{2}x^2 + 2x\right) + C_3$$

적분

$$y_2 = \frac{1}{345}\left(-\frac{1}{6}x^3 + x^2\right) + C_3x + C_4$$

위의 경사각과 처짐량에 관한 식에서 x=2일 때 처짐량이 0이라는 조건을 적용하면,

$$y_2 = \frac{1}{345}\left(-\frac{1}{6} \times 2^3 + 2^2\right) + C_3 \times 2 + C_4 = 0 \rightarrow 2C_3 + C_4 = -0.00773$$

위의 계산 과정으로 나온 결과(θ_2, y_2)에 대해 x=1에서의 경계조건을 적용하면 되는데, 먼저

1구간과 2구간에 대해 경사각이 동일하다는 경계조건을 먼저 적용하면,

$$\theta_1 = \frac{1}{345}(\frac{1}{2}\times 1^2) + C_1 = \frac{1}{345}(-\frac{1}{2}\times 1^2 + 2\times 1) + C_3 = \theta_2 \rightarrow C_1 - C_3 = 0.00290$$

다음으로 x=2에서 구간 1과 구간 2의 처짐량이 동일하다는 경계조건을 적용하면,

$$y_1 = \frac{1}{345}(\frac{1}{6}\times 1^3) + C_1\times 1 = \frac{1}{345}(-\frac{1}{6}\times 1^3 + 1^2) + C_3\times 1 + C_4 = y_2$$
$$\rightarrow\ C_1 - C_3 - C_4 = 0.00193$$

위에서 구한 적분상수에 관한 식을 정리하면,

$$C_1 - C_3 = 0.0029$$
$$C_1 - C_3 - C_4 = 0.00193$$
$$2C_3 + C_4 = -0.00773$$

$$\begin{array}{rl} & C_1 - C_3 = 0.0029 \\ - & C_1 - C_3 - C_4 = 0.00193 \\ \hline & C_4 = 0.0029 - 0.00193 = 0.00097 \end{array}$$

$$C_3 = \frac{1}{2}(-0.00773 - 0.00097) = -0.00435$$

$$C_1 = -0.00435 + 0.0029 = -0.00145$$

이를 이용하여 최종적인 처짐량과 경사각에 관한 식을 구하면,

$$\theta_1 = \frac{1}{345}(\frac{1}{2}x^2) - 0.00145$$
$$y_1 = \frac{1}{345}(\frac{1}{6}x^3) - 0.00145x$$

$$\theta_1 = \frac{1}{345}(-\frac{1}{2}x^2 + 2x) - 0.00435$$
$$y_1 = \frac{1}{345}(-\frac{1}{6}x^3 + x^2) - 0.00435x + 0.00097$$

그러므로 보의 중앙에서의 처짐량을 계산하면,

$$y_1 = \frac{1}{345}(\frac{1}{6}\times 1^3) - 0.00145\times 1 = -0.000967m = -967\mu m$$

연 습 문 제

1. 아래 그림과 같이 하중이 가해지는 직경 20mm의 강철 단순지지보의 중앙점에서의 처짐량을 구하라.

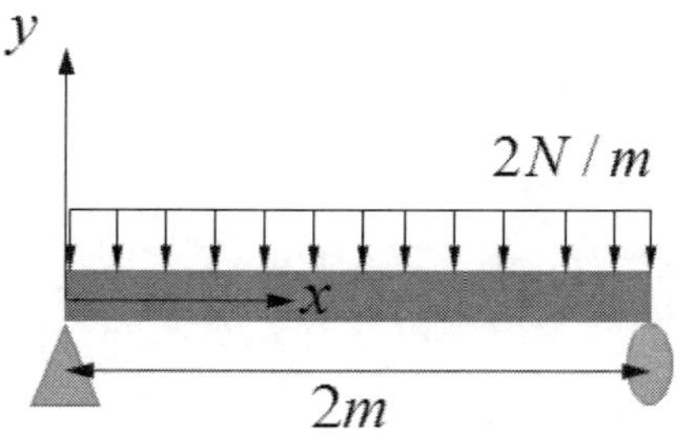

2. 아래 철제 북엔드의 끝단에서의 처짐량을 구하시오. (이때, 책의 무게는 1kgf, 북엔드는 두께 1mm, 폭 15cm이며 북엔드의 세로 면은 매끄럽다고 가정한다)

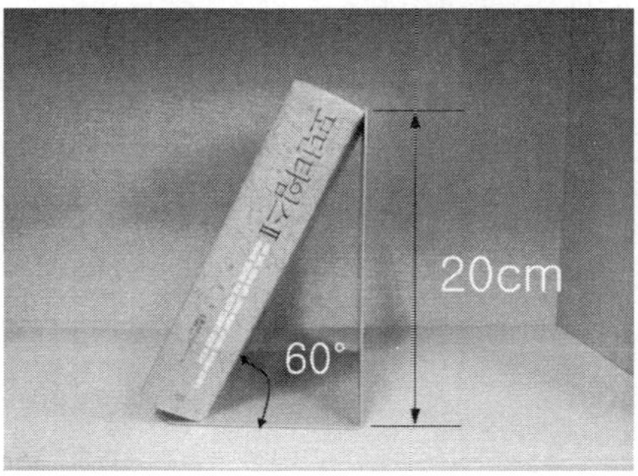

문 제 풀 이

1. 이 문제에서는 분포하중이 없으므로 자유물체도를 그리고 지지점 반력을 표시한 후 지지점 반력을 구하면,

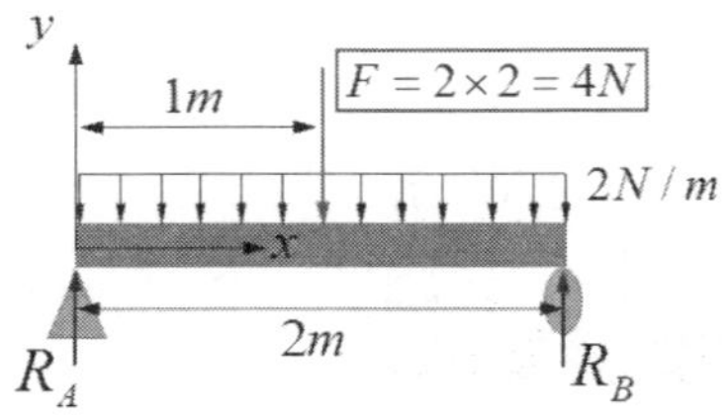

$$\sum F_y = 0 : R_A + R_B - 4 = 0$$
$$\sum M_A = 0 : R_B \times 2 - 4 \times 1 = 0$$

$$R_B = 2N, R_A = 2N$$

경계 조건: $x = 0, y = 0$ / $x = 2, y = 0$

$$EI_{zz} = E \cdot \frac{\pi d^4}{64} = 207 \times 10^9 \times \frac{\pi \times 0.02^4}{64} = 1626 Pa \cdot m^4$$

앞 장에서 배운 방법대로 수행하면 구간은 1개만 나누면 된다. 그 다음 단계는 각 구간에 대해 자유물체도를 그린다. 0~2m 구간에 대해 아래 그림에서 보는 것과 같이 0m 지점에 지지점 반력을 표시하고, 0~2m 사이 임의의 단면을 잡고 그 길이를 x로 정한다. 그리고 x 지점의 단면에 모멘트 M_1이 가해진다고 표시하면 된다. 그 다음에는 평형조건을 적용하여 M_1을 계산하면 된다.

$0 \le x \le 2$

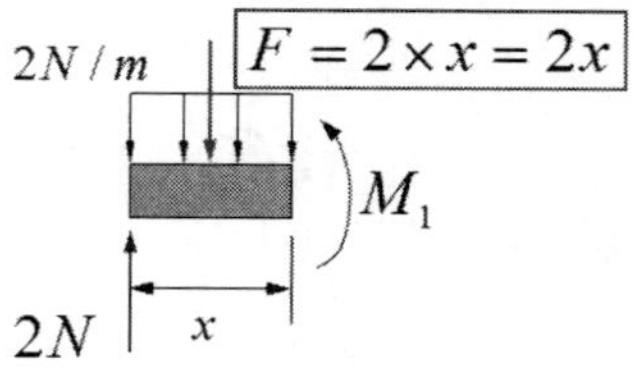

$$\sum M = 0 : M_1 - 2\times x + 2x \times \frac{x}{2} = 0$$

$$\Rightarrow M_1 = -x^2 + 2x$$

$$\boxed{\frac{d^2 y}{dx^2} = \frac{M}{EI_{zz}}} \quad M = -x^2 + 2x$$

$$\frac{d^2 y}{dx^2} = \frac{1}{1626}(-x^2 + 2x)$$

적분

$$\theta = \frac{dy}{dx} = \frac{1}{1626}(-\frac{1}{3}x^3 + x^2) + C_1$$

적분

$$y = \frac{1}{1626}(-\frac{1}{12}x^4 + \frac{1}{3}x^3) + C_1 x + C_2 \quad (C_2 \to 0)$$

$(x = 0, y = 0)$

위의 경사각과 처짐량에 관한 식에서 x=0일 때 처짐량이 0이라는 조건을 적용하고 x=2일 때 처짐량이 0이라는 조건을 적용하면,

$$C_2 = 0$$
$$y = \frac{1}{1626}(-\frac{1}{12}\times 2^4 + \frac{1}{3}\times 2^3) + C_1 \times 2 = 0 \rightarrow C_1 = -0.00041$$

이를 이용하여 최종적인 처짐량과 경사각에 관한 식을 구하면,

$$\theta = \frac{1}{1626}(-\frac{1}{3}x^3 + x^2) - 0.00041$$
$$y = \frac{1}{1626}(-\frac{1}{12}x^4 + \frac{1}{3}\times x^3) - 0.00041x$$

그러므로 보의 중앙에서의 처짐량을 계산하면,

$$y = \frac{1}{1626}(-\frac{1}{12}\times 1^4 + \frac{1}{3}\times 1^3) - 0.00041 \times 1 = -0.000256m = -256\mu m$$

2. 먼저 책에 가해지는 반력을 구하기 위해 자유물체도를 그리면,

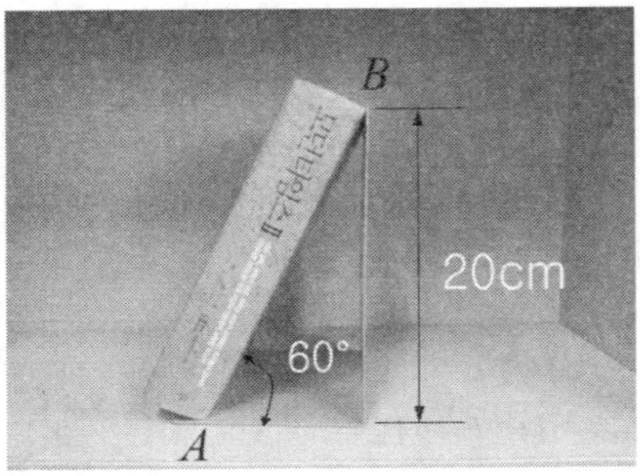

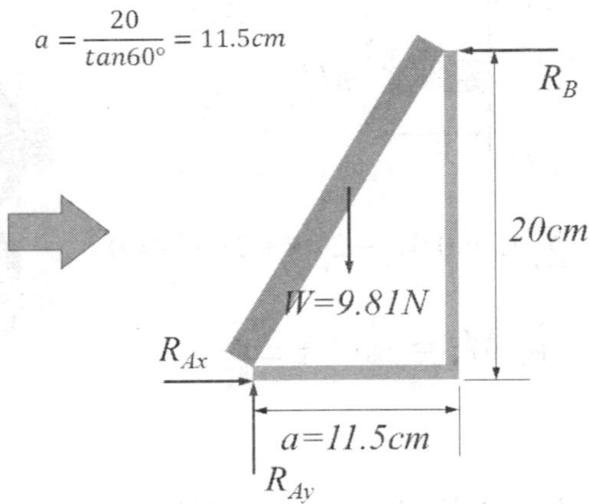

위의 그림에서 철제 엔드북의 가로 길이를 구하기 위해 삼각비에 관한 식을 사용하면 가로 길이는 11.5cm가 나온다. 이로부터 평형조건을 적용하여 계산하면,

$$\sum F_x = 0 : R_{Ax} - R_B = 0$$
$$\sum F_y = 0 : R_{Ay} - 9.81 = 0$$
$$\sum M_A = 0 : R_B \times 0.2 - 9.81 \times \frac{0.115}{2} = 0$$

위의 식으로부터 각각의 반력을 구하면 다음과 같다.

$$R_{Ay} = 9.81N$$
$$R_B = 2.82N$$
$$R_{Ax} = R_B = 2.82N$$

여기서 철제 엔드북의 처짐량을 계산하기 위해 위에서 그린 자유물체도 중 철제 엔드북에 가해지는 힘으로 모두 바꾸고 철제 엔드북을 시계방향으로 90° 회전하여 그리면 자연스럽게 아래 그림과 같이 외팔보 문제로 변한다.

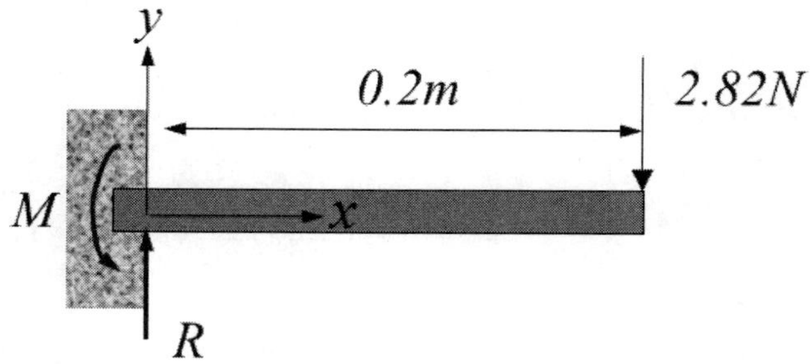

위의 그림에서 평형조건을 적용하면,

$$\sum F_y = 0 : R - 2.82 = 0$$
$$\sum M_A = 0 : M - 2.82 \times 0.2 = 0$$

그러므로 외팔보의 고정점에서의 반력의 크기는 다음과 같이 구할 수 있다.

$$R = 2.82N$$
$$M = 0.564N \cdot m$$

이 문제는 집중하중이 가해지는 외팔보 문제로 전환되었고 구간은 0~0.2m 구간 1개로 정하고 이에 맞게 아래와 같이 굽힘모멘트를 계산하면 된다.

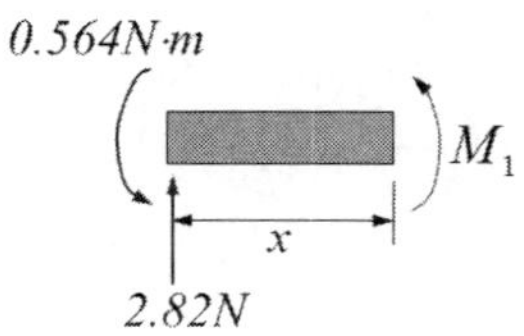

$$\sum M = 0: M_1 + 0.564 - 2.82 \times x = 0$$

$$\Rightarrow M_1 = 2.82x - 0.564$$

$$\boxed{\frac{d^2y}{dx^2} = \frac{M}{EI_{zz}}} \quad M = 2.82x - 0.564$$

$$\frac{d^2y}{dx^2} = \frac{1}{2.59}(2.82x - 0.564)$$

경계 조건 $\theta = 0(x = 0)$, $y = 0(x = 0)$

$$EI_{zz} = 207 \times 10^9 \times \frac{0.15 \times 0.001^3}{12} = 2.59\text{Pa} \cdot m^4$$

위에서 구한 값을 이용하여 경사각과 처짐량을 구하기 위해 두 번의 적분을 수행하면,

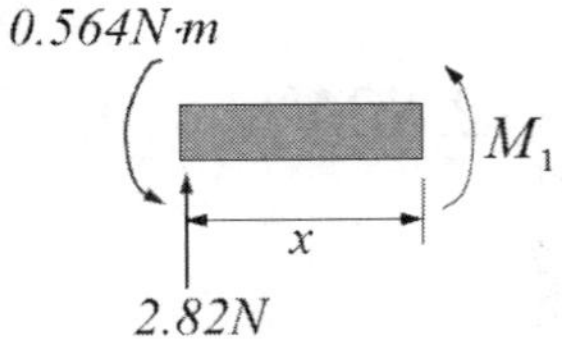

$$\frac{d^2y}{dx^2} = \frac{1}{2.59}(2.82x - 0.564)$$

$$\frac{dy}{dx} = \theta = \frac{1}{2.59}\left(\frac{2.82}{2}x^2 - 0.564x\right) + C_1 \quad (C_1 = 0,\ \theta = 0(x=0))$$

$$y = \frac{1}{2.59}\left(\frac{2.82}{6}x^3 - \frac{0.564}{2}x^2\right) + C_2 \quad (C_2 = 0,\ y = 0(x=0))$$

$$\Rightarrow \quad \theta = \frac{1}{2.59}\left(\frac{2.82}{2}x^2 - 0.564x\right)$$

$$y = \frac{1}{2.59}\left(\frac{2.82}{6}x^3 - \frac{0.564}{2}x^2\right)$$

최종적으로 구한 처짐량 식을 이용하여 끝단에서의 처짐량을 계산하면 다음과 같다.

$$y = \frac{1}{2.59}\left(\frac{2.82}{6}\times 0.2^3 - \frac{0.564}{2}\times 0.2^2\right) = -0.00290m = -2.90mm$$

CHAPTER 13

기둥과 좌굴

13.1 기둥의 안정성

기둥은 압축하중이 가해지는 세장 부재를 말한다. 이때 세장 부재는 길이에 비해 단면적이 매우 작은 것을 말한다. 압축하중은 세장 부재의 외부에서 가해지는 경우도 있지만, 부재의 무게 자체가 무거운 경우도 있다. 대표적인 것이 전봇대이다.

일상생활에서 기둥 구조물은 흔히 발견할 수 있다. 대표적으로 건축물의 기둥이 있으며, 피아노나 식탁의 다리도 기둥에 해당된다고 할 수 있다. 음료수 캔의 경우 외부에서 볼 때 단면적이 크지만, 실제 캔의 내부는 환형으로 속은 대부분 비어있으며, 두께가 얇은 경우도 있다. 음료수 캔을 발로 밟게 되면 세로 방향으로 찌그러지게 되는 경우를 자주 보게 된다. 임플란트 역시 음식을 먹을 때 음식물을 씹는 활동을 함으로써 압축하중이 계속 가해지므로 기둥에 해당한다고 볼 수 있다.

< 건축물 기둥 >

< 음료수 캔 >

< 전봇대 >

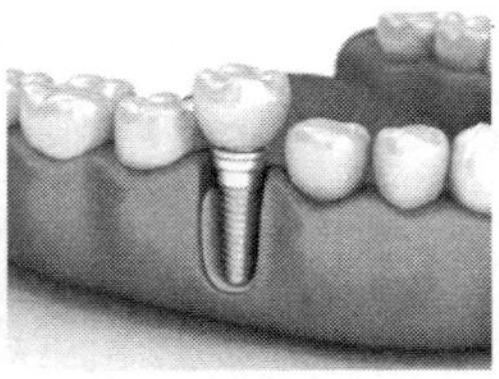

< 임플란트 >

그림 13-1 다양한 기둥 구조물 사례

기둥에 압축하중이 가해질 때, 기둥의 형상이 처음 형상을 그대로 유지하면서 길이와 폭만 변화한다면 그 기둥을 안정 상태라고 말한다. 반면 기둥의 처음 형상을 유지하지 못하고 휘어지거나 찌그러지면 그 기둥은 불안정 상태라고 말한다. 기둥의 안정 및 불안정 상태를 설명하기 위해 먼저 물리적으로 안정한 상태와 불안정한 상태에 대해 살펴보기로 하겠다. 아래의 그림을 관찰해보자.

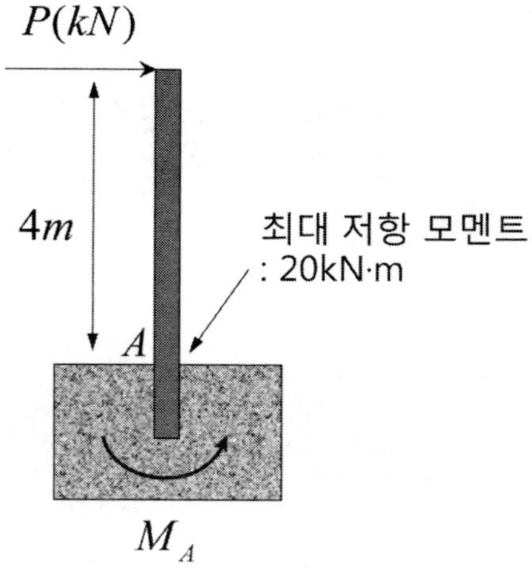

그림 13-2

위의 그림에서 P의 크기가 4kN일 경우에는 A점의 최대 저항 모멘트보다 작기 때문에 기둥이 부러져 넘어지지 않고 버틸 수 있으므로 안정한 상태이다. 그러나 P의 크기가 6kN일 경우에는 A점의 최대 저항 모멘트보다 크기 때문에 기둥이 부러져 넘어지게 되어 불안정한 상태이다. 만약 P의 크기가 5kN이라면 어떻게 될까? 이 경우에는 A점의 최대 저항 모멘트와 같은 값이므로 안정도 불안정도 아닌 상태가 된다. 이를 임계점 상태라고 한다.

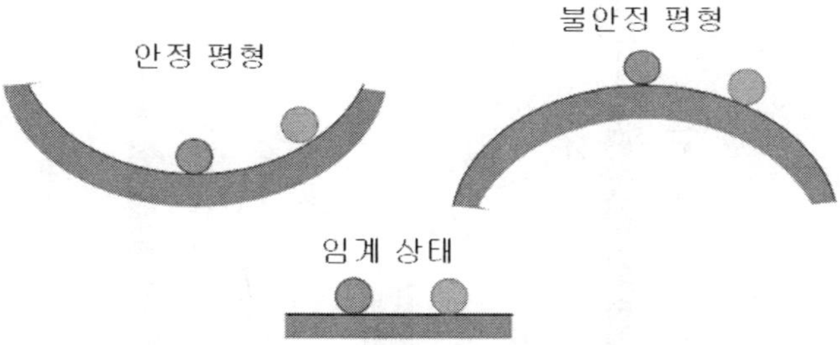

그림 13-3 에너지 상태에 있어서 안정과 불안정

안정과 불안정에 대한 다른 예를 들어보자. 오목한 구조물에 공을 치우쳐 놓을 경우 공이 스스로 중앙으로 돌아오기 때문에 안정 상태이지만, 볼록한 구조물에 공을 치우쳐 놓을 경우 공이 스스로 중앙으로 돌아오지 않고 멀어져 버리므로 불안정 상태이다. 그렇다면 평지의 경우 공을 치우쳐 놓을 때 공은 어떻게 될까? 우리가 흔히 경험하듯이 공은 원래 자리로 돌아오지도 않고 멀어지지도 않는다. 이러한 상태를 바로 임계 상태라고 한다.

좌굴(buckling)은 기둥이 압축하중을 받을 때 임계하중을 넘을 경우 급격히 휘어지거나 찌그러지는 현상을 말하는 것으로, 임계하중을 좌굴하중이라고도 한다. 우리의 일상생활에서 좌굴 현상은 자주 만날 수 있다.

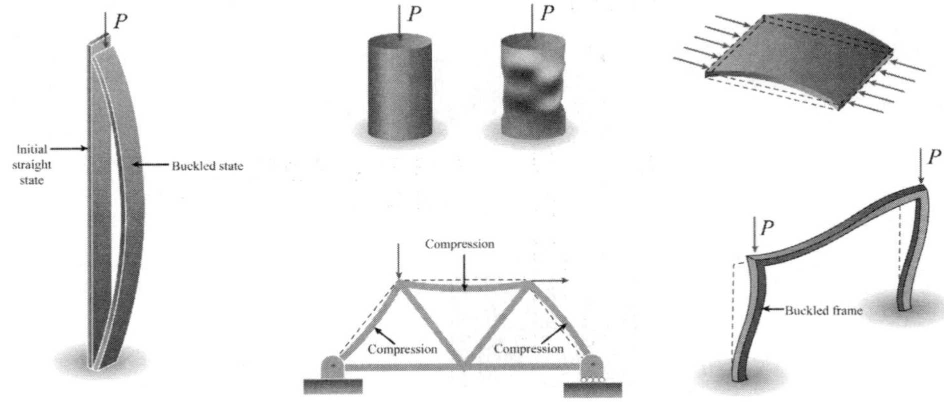

그림 13-4 좌굴 현상의 사례

13.2 좌굴하중

기둥 구조물의 좌굴하중 분석은 아래 그림과 같이 모멘트 스프링으로 가정하여 해결하면 편리하다.

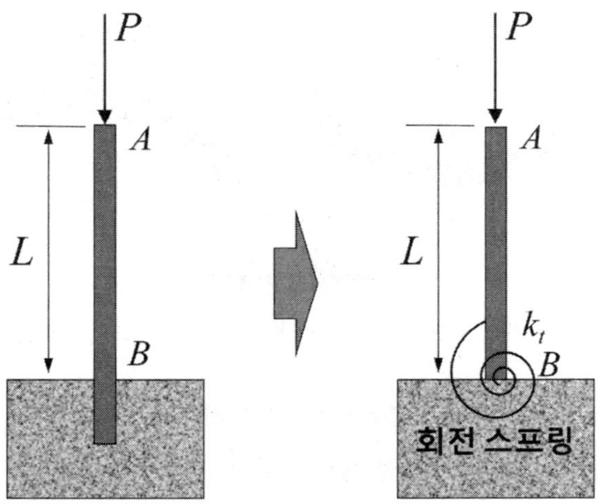

그림 13-5 모멘트 스프링 가정법

기둥의 아랫부분 고정점이 저항할 수 있는 저항 모멘트를 모멘트 스프링으로 대체하면 동일한 조건의 구조물이 된다. 그러므로 기둥에 압축하중이 가해져 좌굴 현상이 발생한다면 아래 그림과 같이 자유물체도를 그릴 수 있다.

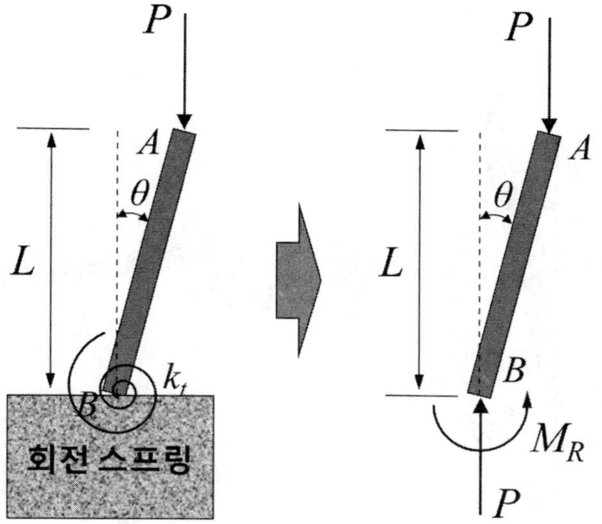

그림 13-6 기둥의 좌굴 현상에 대한 자유물체도

자유물체도에서 모멘트 스프링은 다음과 같이 저항 모멘트에 관한 식으로 표현할 수 있다.

$$M_R = k_t \times \theta \qquad \text{(식 13-1)}$$

그러므로 기둥에 좌굴 현상이 발생하면 고정점에서 저항할 수 있는 저항 모멘트는 위의 식으로 대체하여 문제를 해결하면 될 것이다. 위의 식에서 k_t는 비틀림 스프링 상수이다.

위에서 그린 자유물체도를 유심히 살펴보면 보 문제를 떠올릴 수 있다. 기둥에서 압축하중에 의해 좌굴 현상이 발생하여 휘어진 것을 처짐이 발생한 것으로 생각해보자. 그러면 좌굴에 의해 회전하여 A점이 원래 위치에서 이동한 거리만큼 보에서 발생한 처짐량으로 대체하면 기둥의 좌굴 문제를 외팔보 문제로 바꾸어 생각할 수 있는 것이다. 그러므로 기둥에 가해진 압축하중을 외팔보의 수직하중으로 바꾸고, 기둥에서 압축하중에 의해 발생한 회전각 θ에 의해 A점에 발생한 위치 이동량을 외팔보의 처짐량으로 바꾼 후 시계 방향으로 90° 회전시켜 그리면 외팔보 문제로 바뀌어 좀 더 다루기 편리해질 것이다. 외팔보 문제를 다루어 최종적으로 좌굴하중을 계산하면 이로부터 좌굴 문제를 해결할 수 있는 방법을 얻을 수 있을 것이다.

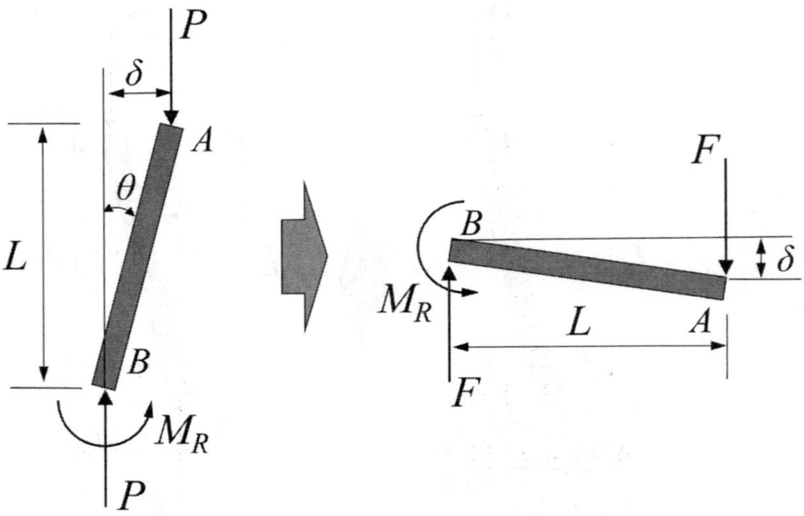

그림 13-7 좌굴 문제의 외팔보 문제 대체 과정

위의 그림에서 좌측의 기둥 문제를 고려할 때 저항 모멘트의 크기는,

$$M_R = P \times \delta$$

이 식에 비틀림 스프링 상수와 δ에 관한 식을 정리하여 넣으면,

$$k_t \times \theta = P \times (L \times \theta)$$

여기에는 θ의 각도가 매우 작을 경우 $\tan\theta \fallingdotseq \theta$라는 앞에서 배운 내용을 적용하였다. 위의 식을 정리하면 다음과 같이 쓸 수 있다.

$$P_{cr} = \frac{k_t}{L} \qquad \text{(식 13-2)}$$

이번에는 우측의 외팔보를 생각해보자.

$$M_R = F \times L$$

이 식에 비틀림 상수와 앞에서 적용한 식 $\delta = L\theta$를 적용하면,

$$k_t \times \frac{\delta}{L} = F \times L$$

여기에 외팔보의 끝단에서의 처짐량 식을 적용하면,

$$\delta = \frac{FL^3}{3EI_{zz}} \quad \text{(식 13-3)}$$

$$k_t = \frac{3EI_{zz}}{L} \quad \text{(식 13-4)}$$

그러므로 앞의 기둥에서 구한 좌굴하중(임계하중) 식에 적용하면,

$$P_{cr} = \frac{3EI_{zz}}{L^2} \quad \text{(식 13-5)}$$

결국 기둥 문제에서 비틀림 스프링 상수로 표현되어 있던 좌굴하중을 외팔보 개념을 도입함으로써 기둥의 탄성계수, 관성모멘트, 길이로 표현할 수 있게 된 것이다. 여기서 탄성계수는 기둥 재료의 종류를 표현하고 관성모멘트는 기둥의 단면 형상과 크기를 반영하고 있으며 길이는 기둥의 길이를 나타내어 기둥을 이루고 있는 재료 및 형상을 모두 표현하는 식이 된 것이다.

이와 같이 압축하중이 가해지는 기둥의 좌굴하중은 기본적으로 아래와 같은 식으로 표현할 수 있다.

$$P_{cr} = c \times \frac{EI_{zz}}{L^2} \quad \text{(식 13-6)}$$

여기에서 상수 c는 기둥을 지지하고 있는 지지점의 조건에 따라 달라지는 것이며 다양한 조건에 대하여 주어진 값이라고 생각하면 된다.

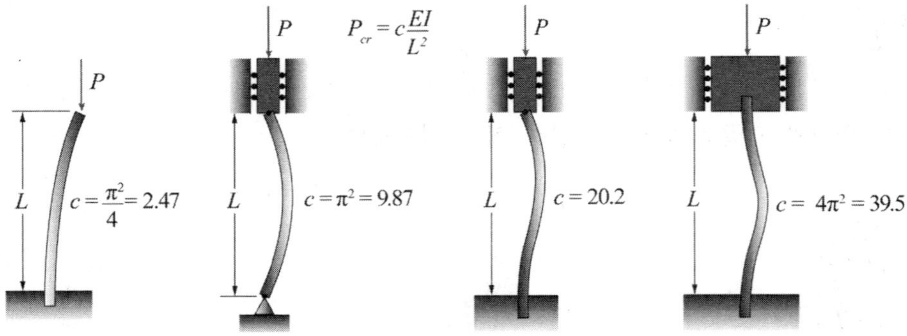

그림 13-8 좌굴하중 식에서 사용되는 상수 c의 사례

13.3 좌굴하중과 세장비

13.3.1 좌굴하중

좌굴하중 또는 임계하중을 계산하는 과정은 간단한 몇 개의 절차에 따라 진행하면 된다. 먼저 해당 기둥이 좌굴된 상태라고 가정하고 자유물체도를 그린다. 그리고 기둥의 원래 지지점을 중심으로 모멘트 평형조건을 적용한다. 다음으로 모멘트 평형조건을 적용한 식에서 좌굴을 가정하여 발생한 각도 θ를 소거하고 남은 값을 정리하면 좌굴하중이 계산된다. 이러한 순서를 적용하여 기둥의 좌굴하중을 구하는 과정을 예제를 통해 살펴보자.

예제 1

아래와 같은 기둥 구조물에서 좌굴하중을 계산하라.

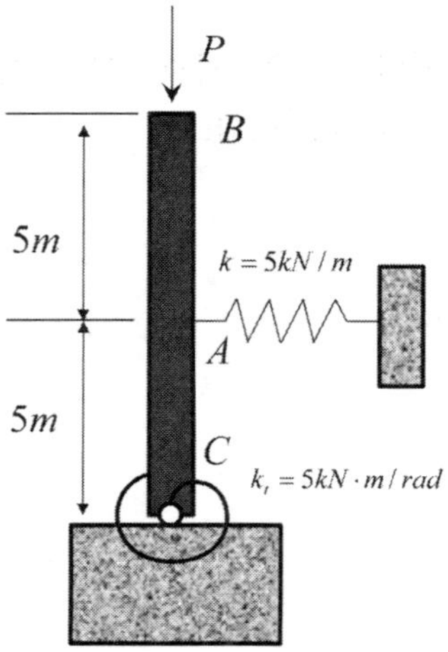

풀 이

압축하중이 가해지는 기둥에 좌굴이 발생했다고 가정하여 자유물체도를 그리면,

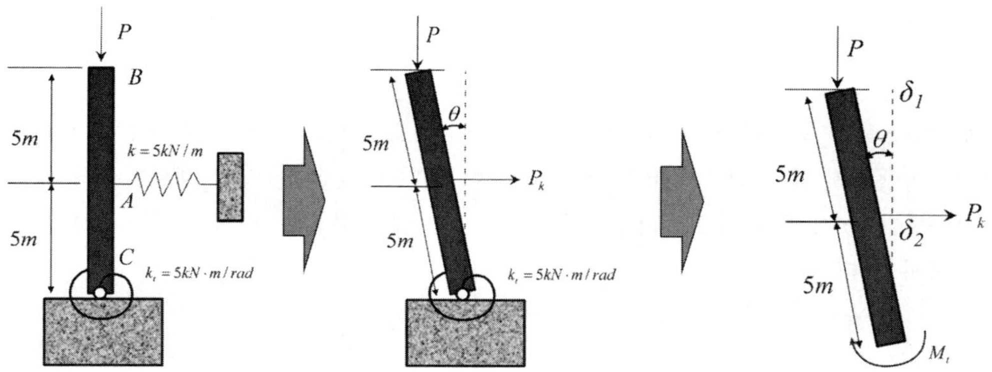

위의 자유물체도를 이용하여 지지점 C에 대하여 모멘트 평형조건을 적용하면,

$$\sum M_C = 0 : P_{cr} \times \delta_1 - P_k \times 5 - M_t = 0$$

위의 식에 스프링의 식(F=k×Δx)를 적용하면,

$$P_{cr} \times \delta_1 - k\delta_2 \times 5 - M_t = 0$$

다시 δ=Lθ 식을 적용하여 정리하면,

$$P_{cr} \times 10\theta - 5 \times 5 \times \theta \times 5 - 5\theta = 0$$

그러므로 최종적으로 좌굴하중을 구하면 다음과 같다.

$$P_{cr} = \frac{125\theta + 5\theta}{10\theta} = 13kN$$

13.3.2 좌굴응력과 세장비

좌굴응력은 좌굴하중을 기둥의 단면적으로 나눈 값이다.

$$\sigma_{cr} = \frac{P_{cr}}{A} \tag{식 13-7}$$

세장비는 단면 회전반경(k)에 대한 기둥의 길이 비로 정의되는데, 쉽게 설명하면 재료마다 좌굴이 발생하지 않는 단면 대비 길이의 비율이 있다는 것이다. 강한 재료일수록 세장비가 클 가능성이 높고, 약한 재료는 세장비가 작을 가능성이 높다. 세장비의 정의를 식으로 정리하면 다음과 같다.

$$\lambda = \frac{L}{k}, \; k = \sqrt{\frac{I_{zz}}{A}}$$

여기서 A는 기둥의 단면적, I_{zz}는 관성모멘트이다.

표 13-1. 재료에 따른 세장비의 사례

재료	주철	연철	연강	경강	목재
세장비	70	115	102	95	56

연 습 문 제

1. 아래와 같은 하중 상태에 있는 기둥의 세장비와 좌굴응력을 구하여라.

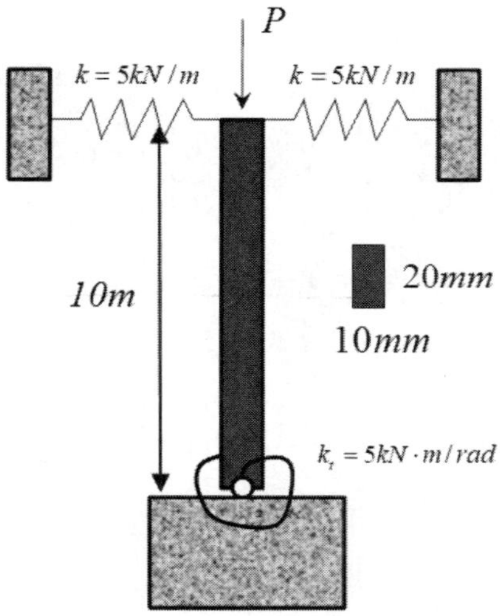

2. 아래 직경 100mm인 강철 기둥의 임계하중, 세장비, 좌굴응력을 구하시오.

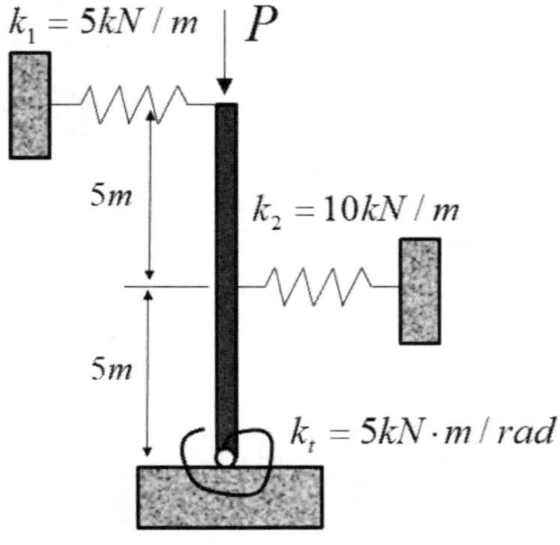

문 제 풀 이

1. 압축하중이 가해진 기둥에 대해 좌굴이 발생한다고 가정하고 자유물체도를 그리면,

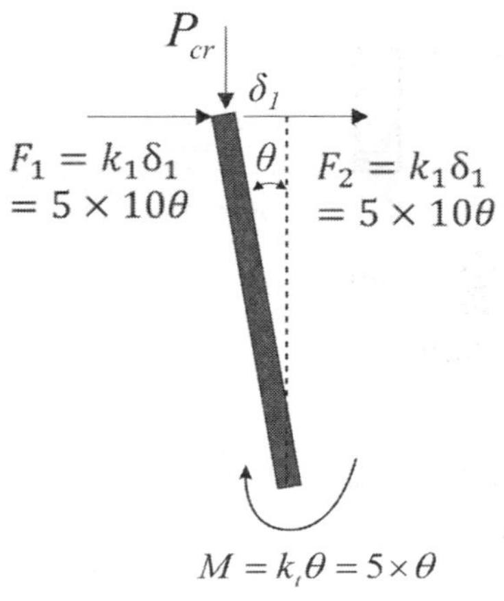

$$\sum M = 0: P_{cr} \times \delta_1 - 2 \times F_1 \times 10 - M = 0$$

모멘트 평형조건을 적용한 식을 다시 정리하여 좌굴하중을 구하면 아래와 같다.

$$P_{cr} \times 10\theta - 2 \times 50\theta \times 10 - 5\theta = 0$$
$$\rightarrow P_{cr} = \frac{1000\theta + 5\theta}{10\theta} = 100.5kN$$

좌굴하중을 기둥의 단면적으로 나누어 좌굴응력을 구하면,

$$\sigma_{cr} = \frac{P_{cr}}{A} = \frac{P_{cr}}{bh} = \frac{100.5 \times 10^3}{0.02 \times 0.01} = 503MPa$$

세장비를 구하는 공식을 이용하면,

$$k = \sqrt{\frac{I_{zz}}{A}} = \sqrt{\frac{\frac{bh^3}{12}}{bh}} = \frac{h}{\sqrt{12}} = \frac{10}{\sqrt{12}} = 2.89mm$$

$$\rightarrow \lambda = \frac{10}{0.00289} = 3460$$

2. 압축하중이 가해진 기둥에 대해 좌굴이 발생한다고 가정하고 자유물체도를 그리면,

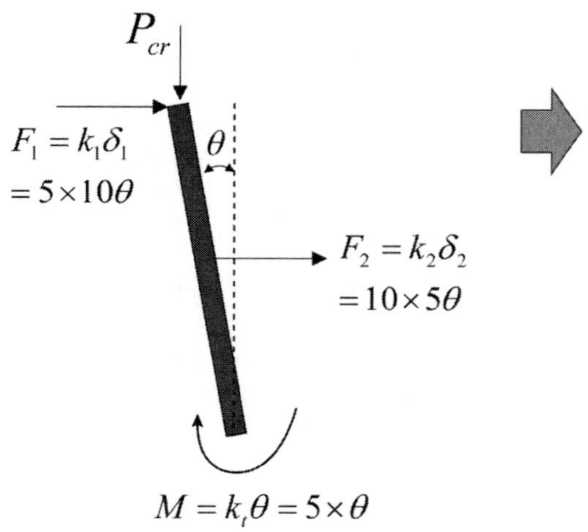

$$\sum M = 0:$$
$$P_{cr} \times \delta_1 - F_1 \times 10 - F_2 \times 5 - M = 0$$

모멘트 평형조건을 적용한 식을 다시 정리하여 좌굴하중을 구하면 아래와 같다.

$$P_{cr} \times 10\theta - 50\theta \times 10 - 50\theta \times 5 - 5\theta = 0$$

$$\rightarrow P_{cr} = \frac{500\theta + 250\theta + 5\theta}{10\theta} = 75.5kN$$

좌굴하중을 기둥의 단면적으로 나누어 좌굴응력을 구하면,

$$\sigma_{cr} = \frac{P_{cr}}{A} = \frac{P_{cr}}{\frac{\pi}{4}d^2} = \frac{75.5 \times 10^3}{\frac{\pi}{4} \times 0.1^2} = 9.61MPa$$

세장비를 구하는 공식을 이용하면,

$$k=\sqrt{\frac{I_{zz}}{A}}=\sqrt{\frac{\frac{\pi d^4}{64}}{\frac{\pi d^2}{4}}}=\frac{d}{4}=25mm$$

$$\rightarrow\lambda=\frac{10}{0.025}=400$$

부 록

□ 공업재료의 기계적 성질

재료	극한강도 (MPa)		항복강도 (MPa)		탄성계수 (GPa)	포와송비	열팽창계수 (10-6/℃)	연신율 (%)
	인장	압축	인장	압축				
강:								
고강도 철강	480	–	345	210	207	0.3	11.7	21
SUS302	860	–	520	–	190	0.301	11.3	12
가단 주철	340	620	275	152	165	0.289	12.1	10
알루미늄 합금:								
2014–T6	480	–	410	220	72	0.333	23	13
6061–T6	290	–	255	140	69	0.327	23.6	17
황동	330	–	105	65	105	0.346	20	62
인청동	560	–	520	275	110	0.341	17.8	10
마그네슘 합금	380	–	275	–	45	–	26	7
티타늄 합금	900	–	825	–	114	–	9.5	10
콘크리트	–	40	–	–	30	–	10	–
플라스틱:								
나일론(PA)	55	–	–	–	2	–	81	50
폴리스티렌(PS)	48	90	–	–	3	–	72	4
화강석	20	240	–	–	70	–	7	–
유리	–	50	–	–	65	0.161	7	–
소나무	–	50	–	–	11	–	4.5	–

〈 저자약력 〉

신 금 철

- 2003. 8 : 한국과학기술원(KAIST) 공학박사 학위 취득
- 2003. 9 ~ 2004. 9 : 미국 Northwestern University 연구원 재직
- 2004. 9 ~ 2005. 7 : 한국과학기술원 기계기술연구소 연구원 재직
- 2005. 7 ~ 2009. 2 : 현대자동차 기술연구소 선임연구원 재직
- 2009. 3 ~ : 신안산대학교 기계과 교수 재직 중

쉽게 배워 바로 쓰는

기초 재료역학

1판 2쇄 2022년 8월 30일

저자 신금철
발행인 송광헌
발행처 복두출판사
주소 서울특별시 영등포구 경인로82길 3-4
센터플러스 807호 (우) 07371
전화 02-2164-2580
FAX 02-2164-2584
등록 1993. 11. 22. 제 10-902 호

정가 : 15,000원

ISBN : 979-11-5906-705-1 93550

한국과학기술출판협회 회원사

* 본 도서의 자료 업데이트가 있을 경우 본사 홈페이지 자료실에 업로드 됩니다. 정기적으로 들러서 유익한 자료를 받아가시기 바랍니다.